Body Shape Treatment

체형관리학

강수경 · 김경란 · 김숙경 · 박경순
박정신 · 정주미 · 최미옥 · 최수미

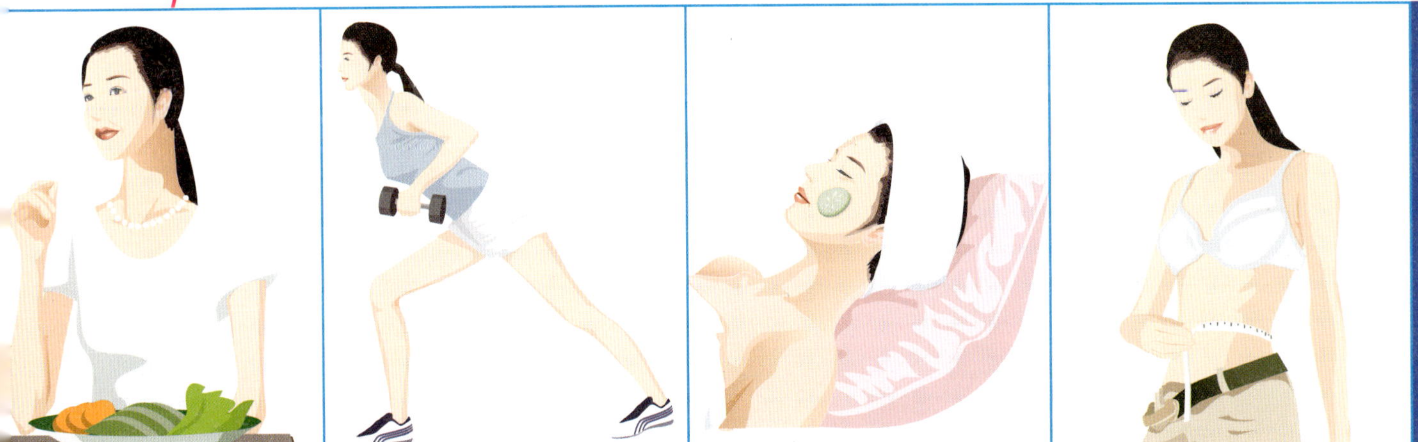

청구문화사

머 리 말

최근에 이르러 비만의 유병률이 전 세계적으로 빠르게 증가하고 있는 추세이다. 비만은 단순히 미용 문제뿐만 아니라 신체적, 정신적 건강에 심각한 장애를 초래하므로 세계보건기구 비만자문위원회에서는 비만을 주요 보건문제로 제안하였다. 우리나라에서도 비만인구의 급속한 증가로 인해 비만치료 및 체형관리에 대한 관심이 높아지고 있다. 또한 최근 유행되고 있는 외모지상주의는 자신의 체형에 대한 인지도가 실제보다 비만하다고 인식하는 사람이 많으며, 젊은 여성을 중심으로 마른 체형을 무조건 동경함에 따라 무리한 다이어트에 의한 요요현상을 경험하고, 오히려 건강을 해치는 경우가 발생되고 있다.

이와 같은 현상으로 인하여 체중감량을 위한 다양한 방법이 개발·시도되고 있으며, 비만과 체형관리에 대한 올바른 정보와 관리를 제공할 수 있는 시스템의 필요성이 강조되고 있다. 이와 아울러 체형관리 전문인력의 사회적 수요가 증가됨에 따라 '다이어트 프로그래머'와 같은 새로운 직업군이 출현하게 되었고, 대학은 이러한 산업체의 요구도를 적극 반응하여 전문인력 양성을 위한 학과 개설 및 교육과정의 변화를 가져오고 있다. 또한 변화된 교과과정에 적합한 전문교재 개발이 꾸준히 이루어지고 있으나, 피부미용 측면에서 접근할 수 있는 실무중심의 체형관리 교재는 미비한 실정이다.

이에 본 저자들은 피부미용 현장에서 실제 응용할 수 있는 체형관리에 대한 교재의 필요성을 인식하고, 그 동안 강의하면서 수집한 자료 및 정보와 지혜를 모아 본 서를 출간하게 되었다.

본 서의 구성은 체형관리의 개요, 비만의 개념 및 분석, 체형관리 상담 및 분석, 체형관리 적용방법, 체형관리 기기, 체형관리 화장품, 실전 체형관리 프로그램의 순으로 되어 있으며, 실제 피부관리 현장에서 응용할 수 있는 방법을 제시하였다.

한편 부록 편에는 체형관리 화장품에 대한 정보를 제시하였는데 이는 학생들이 체형관리 프로그램을 계획하는데 있어 제품에 대한 이해를 높이기 위해 제공되었으며, 제시된 회사 및 제품은 저자가 관련 회사에 정보를 요청한 후 게재를 수락한 경우에만 제시하였다.

무더운 여름동안 함께 작업한 우리들에게 이번 원고는 의미를 담고 있다. 미용학 학사 및 석사과정을 졸업한 전공자들에 의해서 집필된 점과 석사학위 논문을 지도하였던 식구들과 함께 한 첫 작업이기 때문이다. 열심히 해 보겠다는 처음의 의지와는 달리, 정리를 끝내고 나니 부족함과 아쉬움만이 남는다. 이러한 부분들은 추후 자료를 보완·수정할 것을 약속드리며, 피부미용을 공부하는 학생들에게 조금이나마 도움이 되었으면 하는 바램이다.

끝으로 이 책의 출판에 많은 도움을 주신 여러분들과 기기 사진자료 및 전문제품 정보를 제공해 주신 회사 관계자분들께 감사를 드린다. 무더운 여름날 편집에 도움과 정성을 다하여 주신 청구문화사 가족 여러분께 깊은 감사를 드리며, 늘 한결같은 마음으로 부족한 원고를 출판해 주신 청구문화사 이상태 사장님께 진심으로 고마움을 전한다.

2007년 8월

저자 일동

목 차

제3장 체형관리 상담 및 분석

제4장 체형관리 적용방법

제5장 체형관리와 기기

1 체형관리의 개요

학습목표

1. 체형관리의 개념을 이해하고 관리 영역을 구분할 수 있다.
2. 체형관리의 단계를 파악하고 관리 프로그램에 대해 이해할 수 있다.

1. 체형관리의 정의

체형관리는 화학적(chemical), 물리적(physical), 심리적(psychological), 전기적(electrical)인 방법을 이용하여 건강하고 아름다운 체형을 유지하기 위해 관리하는 것을 의미한다.

2. 체형관리의 목적

오늘날 현대인들은 보다 건강하고 아름다운 체형을 유지·관리하기 위해 많은 시간과 노력을 투자하고 있다. 이로 인하여 체형관리 프로그램 형태는 다양하게 개발·적용되고 있으며, 피부관리 분야에서 체형관리가 차지하는 비중이 증가되고 있다. 체형관리는 신체에 관한 올바른 지식과 전문적인 트리트먼트 방법을 기본으로 하여 건강하고 아름다운 체형을 유지하는 것을 목적으로 한다. 그 구체적 목적은 상담과 체형분석을 통하여 그에 적절한 체형관리 방법을 계획하고, 합리적으로 실행함으로써 고객의 심리적 안정감을 유도하여 내·외적인 미용효과를 높이고자 하는 것이다.

Key - Point

체형관리의 목적

- 내적 측면 : 혈액순환 촉진, 림프배농 촉진, 근육이완, 근육피로 해소
- 외적 측면 : 체형관리, 셀룰라이트 감소, 피부탄력 강화
- 정서적 측면 : 심리적 안정감, 스트레스 완화

3. 체형관리의 효과

1) 내적 측면

내적 측면의 체형관리는 수기요법과 기기 등의 물리적 자극을 통해 혈액과 림프의 순환을 촉진시킴으로써 체내의 노폐물 배출, 부종완화, 근육의 이완 및 탄력증진 효과를 갖는다. 또한 근육운동 효과에 의한 관절과 연결조직의 재생을 돕고, 자율신경계의 조절에 의한 면역기능을 증진시키는 호르몬 분비를 촉진시켜 신체의 항상성(homeostasis)을 유지하게 한다.

2) 외적 측면

외적 측면의 체형관리는 수기요법 및 기기 등의 물리적 자극과 화장품의 작용으로 피부표면의 발한, 지방분해, 셀룰라이트 감소 효과를 얻을 수 있다. 또한 부종완화, 체중감소, 아름다운 체형관리, 탄력강화 효과를 기대할 수 있다.

3) 정서적 측면

정서적 측면의 체형관리는 자율신경계인 중추신경계와 면역계의 상호작용을 도와 전신피로와 스트레스를 완화시켜 줌으로써 심리적 안정감이 유도되는 효과를 얻는다.

Key - Point

뇌파의 종류

- $\alpha + \beta$ 바란스(조화) = 기분 좋은 상태
- δ(delta) : 잠잘 때
- θ(theta) : 몽롱한 상태
- α(alpha) : 피부관리(이완, 긴장)
- β(beta) : 흥분, 음악, 빨강

4. 체형관리의 영역

체형관리의 영역은 크게 목적과 적용방법에 따라 구분할 수 있으며, 목적에 따라서는 내적 · 외적 · 정서적 측면으로 나뉘고, 적용방법으로는 수기요법, 기기요법, 화장품, 특수요법 등으로 구분할 수 있다.

표 1-1. 체형관리의 목적에 따른 분류

체형관리

생리적(physiological)	심리적(psychological)
▪ 재생과 탄력강화관리	▪ 이완(relax) 관리
▪ 하부순환 개선관리	▪ 스트레스(anti-stress) 관리
▪ 부종관리	
▪ 부분관리	
▪ 비만관리	
▪ 튼살관리	
▪ 셀룰라이트관리	
▪ 체형관리	

표 1-2. 적용방법에 따른 분류

분류		내용
Manual	⇨	▪ 림프 배농 마사지(lymphatic drainage massage) ▪ 스웨덴식 마사지(Swedish massage) ▪ 지압 마사지(shi-atsu) ▪ 경락요법(meridian) ▪ 반사요법(reflexology) ▪ 심부조직 마사지(deep tissue massage)
Machine	⇨	▪ 온열요법(thermo therapy) ▪ 원적외선 기기(far infrared rays) ▪ 림포지(lymphatic drainage) ▪ feel 광선요법(light therapy) ▪ 전기요법(electric frequency) ; 초음파, 저주파, 중주파, 고주파기기 ▪ 진공 흡입기(suction, vaccum machine) ▪ 엔더몰러지기(endermologie)
Material	⇨	▪ 식이요법(dietetic therapy) ▪ 운동요법(exercise therapy) ▪ 인지-행동수정요법(cognitive behavioral therapy) ▪ 전문 화장품 적용(cosmetic application)
Special therapy	⇨	▪ 아로마(aroma), 식물요법(phyto therapy) ▪ 수요법(spa; hydro; thalasso therapy) ▪ 스톤요법(stone therapy) ▪ 음악요법(music therapy) ▪ 색상요법(color therapy) ▪ 아유르베다(ayurveda)

5. 체형관리의 단계

1) 고객상담

고객상담은 효율적인 체형관리 프로그램을 수행하기 위해 이루어지는 과정으로 고객이 관리실에 방문한 목적 및 고객의 신상, 생활환경, 생활습관, 식생활 등을 조사하여 문제의 원인을 파악하고 적절한 체형관리 프로그램을 계획하기 위한 절차이다.

2) 체형분석

체형분석은 견진, 문진, 촉진, 기기를 활용하여 분석할 수 있다. 측정기기는 줄자, 체지방측정기(체지방 · 체중 · 신장) 등을 사용하여 고객의 신체 부위별 사이즈 측정 및 체형을 분석한다.

3) 체형관리 프로그램 계획

고객상담 및 체형분석 절차를 통해 파악된 체형 상태에 적합한 관리프로그램을 계획하여 수립한다.

4) 체형관리 실행

전신욕 또는 반신욕 → 전신클렌징 → 전신마사지 →

체형관리 목적에 따른 적용 (기기, 제품, 특수요법) → 전신마스크 → 탄력강화 및 보호

5) 평가 및 홈 케어 어드바이스

평가 및 홈 케어 어드바이스 과정은 체형관리의 효과 및 발생되는 문제를 확인하고, 원인을 재분석한다. 또한 상담과정에서 조사된 고객의 문제 요인을 파악하여 가정에서의 식이요법, 운동요법, 행동수정요법의 방법과 준수사항을 조언한다.

Key - Point

체형분석 방법

- 견진, 문진, 촉진 : 체형과 관련된 내·외적 요인 파악
- 기기 측정 : 신장, 체중, 체지방, 신체 사이즈, 체성분, 근육량 등

표 1-3. 체형관리의 단계

고객상담	▪ 방문목적, 고객의 신상, 체형관리와 관련환경(생활환경, 생활습관, 식생활 습관, 정서적 상태 등) ▪ 자료기록
⇩	
체형분석	▪ 체형분석(주·객관적 방법 이용) ▪ 체형분석표 자료기록
⇩	
체형관리 계획	▪ 체형관리 프로그램 계획 ▪ 자료기록
⇩	
체형관리 실행	▪ 체형관리 실행 ▪ 자료기록
⇩	
평 가	▪ 체형관리 후의 관찰 및 평가 ▪ 가정에서 식이요법과 행동수정요법 조언 ▪ 체형관리 계획 ☞ 재 수립 ▪ 자료기록 / 결과분석

2 비만의 개념 및 분석

학습목표

1. 비만의 정의와 원인을 이해할 수 있다.
2. 비만의 측정방법을 알 수 있다.

1. 비만의 정의

비만(obesity)의 용어는 과식을 의미하는 라틴어의 obesus로 obed(fat away)에서 유래되었다. 비만은 소비 칼로리에 비해 섭취 칼로리가 높음으로써 지방이 과잉 축적되는 체지방 과다(over fat) 상태이다. 즉, 비만은 체중이 단순히 과다한 것보다 체중에서 차지하는 체지방의 비율이 높은 것을 의미한다.

2. 비만의 원인

비만의 원인은 유전적 요인과 식습관, 심리적 요인, 가족 환경적 요인, 내분비 · 대사상애, 활동부족 등의 여러 요인들이 복합적으로 작용되는 것이다. 그 중 직접적인 원인은 섭취에너지가 소비에너지보다 많은 경우이다.

1) 유전 및 가족 환경적 요소

부모가 비만인 경우에는 자녀의 비만 발생빈도가 높다고 보고되고 있으나, 유전과 환경적 요인의 상호작용이 비만을 결정하게 된다.

비만의 유발에서 유전 요소의 영향을 크게 두 가지로 나눌 수 있는데, 첫째는 형성장애 비만(유전이 주도적인 역할을 하는 비만)이고, 둘째는 잠

Key - Point

- 과체중(over weight) : 신장으로부터 계산된 표준체중 이상으로 체중이 증가된 것
- 체지방과다(over fat) : 체지방이 비정상적으로 많은 것

재 인자 비만(유전이 단순히 잠재 인자만을 갖고 있다가 이 잠재 인자와 부합될 때 나타나는 비만)이다.

유전이 비만 발생에 미치는 영향은 형성장애 비만 이외에는, 단순히 비만의 잠재 인자와 환경 인자가 부합하여 비만이 발생한다. 즉, 가족구성원의 비슷한 환경요인과 생활패턴이 비만의 큰 원인을 제공한다는 것이다.

2) 식습관

비만은 섭취영양소의 종류, 양, 섭취방법 등의 식습관의 원인이 크게 작용한다. 특히 폭식은 영양소 저장 호르몬을 증가시켜, 인슐린(insulin)의 분비를 높이고, 글루카곤(glucagon)의 분비를 저하시킴으로써 지방 합성을 촉진하게 된다.

3) 심리적 요인

스트레스나 우울증, 불안, 불행감 등이 비만증을 유발하며 이는 비만증을 악화시키는 역할을 하는 것으로 보고되고 있다. 심리적 문제는 섭식장애를 유발할 수 있으며 에너지 대사의 불균형을 일으켜 비만을 초래할 수 있다.

4) 내분비 · 대사장애

내분비 · 대사장애 비만은 전체 비만증에서 1% 미만으로 식욕중추 이상을 유발하는 시상하부 질환, 뇌하수체와 부신 질환, 기초 대사율의 저하를 가져오는 갑상선 질환(갑상선 기능부전), 다낭성 난소, 인슐린 혈증 등에 의한다. 예를 들어 섭취 중추와 포만 중추가 있는 시상하부에 종양이 발생하면 비만이 발생한다. 그리고 쿠싱 증후군(Cushing syndrom)에 의해 부신피질로부터 코티졸(cortisol)이 과잉 생성되면 몸 중심부의 지방세포들이 주로 증식하게 된다. 그 밖에 중년여성들의 폐경으로 인해 에스트로겐(estrogen) 분비가 감소되면 신체지방 축적의 양상을 변화시키고, 인슐린 저항성으로 인하여 심혈관 질환의 위험이 증가한다.

5) 운동부족

운동은 그 자체가 칼로리를 소모할 뿐 아니라 운동 후 적어도 2~3시간 동안 인체의 대사량을 증가시킨다. 따라서 섭취열량을 줄인 다이어트와 규칙적인 유산소성 운동을 병행하면 체지방은 감소하는 반면, 근육의 양은 증가하게 되어 비만을 해소할 수 있게 되고 인체의 면역기능을 높여 체중 감소에 따른 부작용을 줄이게 된다.

3. 비만의 종류

1) 원인에 따른 분류

(1) 단순성 비만

단순성 비만은 과식과 운동 부족이 주요 원인이 되며, 에너지 공급과 소비의 불균형으로 발생되는 것이다.

(2) 증후성 비만

증후성 비만은 쿠싱 증후군, 갑상선 기능 저하증, 다낭성 난소 및 인슐린 종 등의 내분비 질환에 의해 발생되는 것이다.

2) 지방세포에 따른 분류

(1) 지방세포 증식형 비만

증식형 비만은 지방세포의 크기는 정상이며, 세포수가 증가하는 비만으로 대개 아동기 초기나 중기에 발생하여 소아비만이라고도 한다. 지방세포의 수는 아동기 후기와 사춘기 동안 가장 급격히 증가하며, 성년기라도 증가할 수 있다. 비만이 아동기나 청소년기에 발생했을 때 지방세포의 수는 3~5배까지 증가할 수 있으며, 성년기까지 비만이 유지될 수 있다.

(2) 지방세포 비대형 비만

비대형 비만은 지방세포의 수는 정상이며, 세포의 크기가 증식하는 비만으로 대개 성인이 된 후에 나타나는 비만이다.

3) 지방분포에 따른 분류

(1) 복부형 비만

복부형 비만은 복부나 허리에 지방이 축적된 형태로 주로 남성에게 많이 나타나는 남성형 비만이다. 복부비만은 둔부형 비만보다 허혈성 심질환, 당뇨병, 고지혈증 등의 성인병 발생의 위험이 높다.

(2) 둔부형 비만

둔부형 비만은 엉덩이나 허벅지 등에 지방이 축적된 형태로 주로 여성들에게 많이 나타나는 여성형 비만이다. 둔부비만은 신체 상부 및 하부의 무릎관절, 종아리에 축적되어 전신비만이 유발되기 쉽다.

4) 일반적 분류

(1) 조절성 비만

조절성 비만은 식욕중추 이상으로 섭식조절의 기능장애로 인하여 발생되는 것이다.

(2) 대사성 비만

대사성 비만은 음식 섭취와는 관련성이 없으며, 지방 조직 대사 이상에 의해 발생되는 것이다.

(3) 신경성 비만

신경성 비만은 정신적 스트레스, 욕구불만 등에 의해 식욕중추의 장애를 유발하여 발생되는 것이다.

(4) 갱년기 비만

갱년기 비만은 여성호르몬이 감소됨으로써 체내 식욕 억제물질이 부족되고, 이로 인하여 식욕을 촉진시켜 발생되는 것이다.

4. 셀룰라이트(Cellulite)

1) 정 의

셀룰라이트(Cellulite)란 Cellula(세포를 의미)와 ite(염증)의 합성어로 1920년대부터 사용되어 왔으며 의학용어는 아니다. 의학적으로는 nodular liposclerosis, edemato-fibrosclerotic panninculopathy, panninculosis, gynoid lipodystrophy, hydrolipodystrophy 등으로 표현된다. 셀룰라이트는 국소적인 지방축적으로 인해 림프 및 혈관을 압박함으로써 순환장애를 일으키는 비만의 증상이다. 즉, 셀룰라이트는 지방세포의 과잉축적, 순환장애, 결합조직의 변성이라는 3가지 현상이 연속적인 발생됨으로써 생성되게 된다. 따라서 단순히 형태학적 변화뿐만이 아니라 조직학적, 생화학적 변화와 결체조직 손상이 동반된다.

셀룰라이트는 95% 이상 여성에게서 나타나며, 지방세포가 많이 분포되어 있는 허벅지, 엉덩이, 하복부 등에서 발생된다. 호르몬은 셀룰라이트 형성과 악화에 중요한 역할을 한다. 그 중 에스트로겐은 중요한 호르몬으로 작용되며, 셀룰라이트가 주로 허벅지와 엉덩이에 발생하게 하는 요인 중의 하나이다. 그 이외에 인슐린, 카테콜라민(아드레날린, 노르아드레날린), 갑상선 호르몬 등도 셀룰라이트 형성에 영향을 미친다.

2) 셀룰라이트 생성원인

(1) 혈액·림프 순환의 저하

셀룰라이트 발생은 혈액 및 림프 순환의 저하가 근본 원인이라 할 수 있다. 나이가 들면서 림프 그물조직이 노화되어 발생할 수도 있고, 운동 부족이나 꽉 끼는 옷의 압박 등에 의해 전체적인 순환장애에 의해서도 발생된다.

(2) 호르몬의 불균형

셀룰라이트는 주로 여성에게 발생하는데, 그 이유는 여성의 생식선 호르몬의 불균형에 의해 혈액순환 저하를 유도하게 됨으로써 셀룰라이트가 발생되기 쉬워진다.

(3) 활동부족

활동량 부족으로 인해 셀룰라이트 발생을 높일 수 있다. 여기에는 열량이 높은 음식을 섭취, 과다한 지방, 당분, 술의 섭취, 고정화된 좌식생활, 운동 부족 등으로 인한 소화장애, 변비, 혈액순환 장애 등을 초래하여 노폐물과 독소 등이 피부의 진피층 내부에 쌓여 지방세포와 결합하여 셀룰라이트 발생을 높일 수 있다.

(4) 유전적인 요인

지방세포의 증가는 신생아 및 영아의 영양상태와 밀접한 관련이 있을 뿐만 아니라 유전적인 영향을 받는다.

(5) 노 화

신체 노화가 진행됨에 따라 림프순환 장애를 동반하게 됨으로써 셀룰라이트 발생을 증가시킨다.

(6) 심리적인 요인

과도한 스트레스, 불안, 갈등에 따라 부신피질의 코티졸 호르몬이 신체를 변화시킴으로써 셀룰라이트 형성을 촉진시킨다.

(7) 잘못된 다이어트

절식과 폭식이 반복되는 잘못된 다이어트로 인해 지방축적을 높여 순환장애 뿐만 아니라 셀룰라이트 발생을 증가시킨다.

3) 형성단계

(1) 1단계(충혈 단계)

피하지방조직의 구조가 변화된 단계로 지방조직의 손상 및 축적된 단계이다.

(2) 2단계(혈행 장애 단계 : 부종)

모세혈관 주위조직, 즉 결합조직들이 혈관을 압박함으로써 지방세포의 손상과 물질 배출이 유도되어 부종이 유발되는 단계이다.

(3) 3단계(경화 단계 : 미세 결절)

지방세포가 축적되고 주위조직 섬유소들이 변형되면서 경화성 결합조직인 작은 결절을 형성하게 된다.

(4) 4단계(경직 단계 : 거대 결절)

작은 결절이 증가되고 딱딱한 결합조직에 쌓여 큰 결절로 형성되는 단계로 오렌지 껍질 같은 피부가 되고 통증을 느낀다.

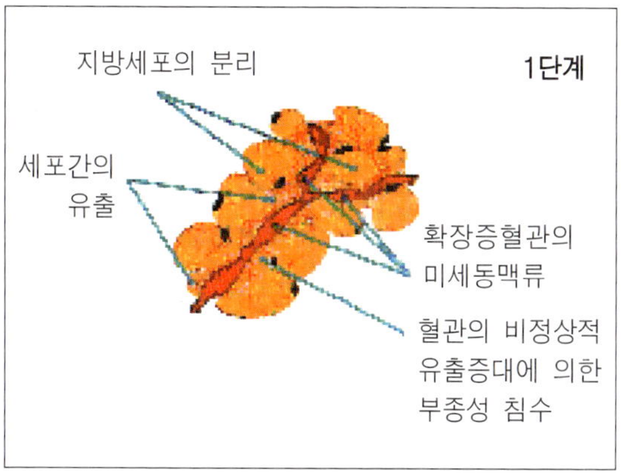

1단계 : 충혈

부종세정맥 울혈의 첫 결과는 세포간으로 혈장이 유출된다. 그림은 하나의 지방세포가 부종성 유출액에 의해 분리되는 것을 보여준다.

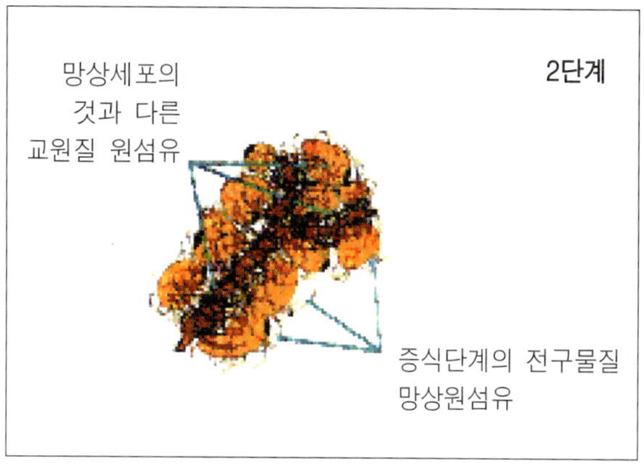

2단계 : 혈액순환 장애(부종)

불분명한 경계와 여러 모양의 고온반점(부종)의 형태가 되며 피부 표면은 조금 거칠어지기 시작한다. 피부의 신축성이 감소된다.

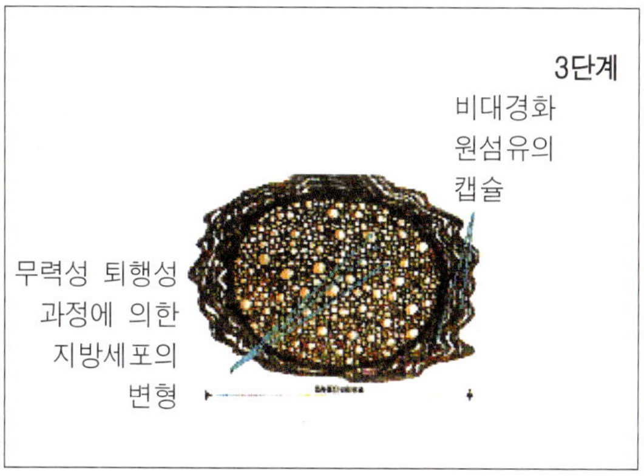

3단계 : 미세결절 출현

콜라겐 원섬유질의 완전 캡슐이 수많은 변형된 지방세포를 둘러싸며 세포에서 고립된다.

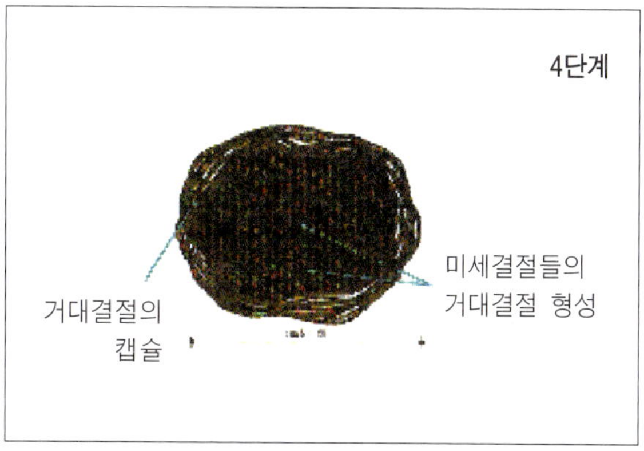

4난계 : 거대결절

현미경적 크기의 작은 미세결절이 여러개 합쳐져 이른바 거대결절을 만들며 촉진으로 발견이 될 수 있다. 이는 통증을 동반한 셀룰라이트의 피하결절이다.

그림 2-1. 셀룰라이트 형성과정

4) 셀룰라이트의 종류

(1) 플래비 셀룰라이트(flabby cellulite)

플래비 셀룰라이트는 수분을 다량 보유하고 있으며, 말랑말랑한 상태이다.

(2) 에더마토즈 셀룰라이트(edematose cellulite)

에더마토즈 셀룰라이트는 부종이 있는 상태이다.

(3) 콤팩트 셀룰라이트(compact cellulite)

콤팩트 셀룰라이트는 셀룰라이트 형성이 심한 상태로 푸른빛을 띤 반점이 나타나기도 한다.

(4) 화이브러스 셀룰라이트(fibrous cellulite)

섬유질 셀룰라이트는 셀룰라이트가 단단하게 변화된 것이다. 만졌을 때 촉감이 매우 딱딱한 것으로 가장 악화된 상태라고 할 수 있다.

5. 셀룰라이트 진단 시 나타나는 증상

- 피부의 부피가 증가한 느낌
- 피부의 유동성이 증가된 느낌
- 피부에 결절이 들어있는 느낌
- 피부의 예민성이 증가된 느낌
- 다른 부위보다 피부온도가 차가운 느낌

6. 비만과 관련된 질환

비만과 관련된 증상으로는 발한, 피로감, 호흡곤란, 관절통, 부종 등이 나타나며, 그 외에도 수면장애, 낮 동안의 졸음, 흉통, 기좌호흡 등은 고도비만 환자에서 주된 증상으로 나타난다. 간혹 역류성 식도염과 연관된 소화장애로 식후 흉통이나 복통을 호소하고, 비만여성에게서는 월경장애 증상뿐만 아니라 불임 등을 초래하기도 한다.

1) 당뇨병

비만은 당뇨병의 위험요인과 밀접한 관련을 가지는 대표적인 질환이다. 유전적인 요인으로는 가족력, 30대 이후에 5kg 이상의 체중 증가, 배가 나온 경우(여자 80cm 이상, 남자 90cm), 비만(이상 체중의 20% 초과 또는 체질량지수 25kg/㎡ 이상)한 경우에 더욱 발병률이 높다.

2) 고혈압

체중이 증가한 만큼 몸에 불필요한 지방을 유지하기 위해서는 그만큼 산소량이 증가하게 되고 심장의 과부하를 일으킬 수 있다. 이상적인 혈압은 80~120mmHg이나 비만자의 혈압은 높아질 수 있으므로 식습관, 환경적인 요인 등을 개선하여야 한다. 만성적 편두통, 가슴 두근거림, 손발저림, 만성 피로, 불면증 등을 초래할 수 있다.

3) 동맥경화

동맥경화의 주 원인은 콜레스테롤의 농도가 높아져서 동맥내강에 혈전이 쌓여 혈관이 좁아짐으로써, 산소공급의 부족으로 인한 협심증과 혈액공급을 받지 못해 괴사 등을 일으키는 심근 경색증상 등을 초래하기도 한다.

표 2-1. 혈당기준치(㎎/dl)

	공복시	식후 2시간
정상	110 이하	140 이하
내당능 장애	110~125	140~200
당뇨병	126 이상	200 이상

표 2-2. 고혈압의 분류(미국 국립보건원 JNC-6)

	수축기 혈압(mmHg)	이완 혈압(mmHg)	처치
이상적 혈압	120 이하	80 이하	
정상혈압	130 이하	85 이하	2년 안에 재검사
높은 정상 혈압	130~135	85~89	1년 안에 재검사
고혈압			
1단계	140~159	90~99	2달 안에 확정
2단계	160~179	100~109	1달 안에 확정
3단계	180 이상	110 이상	1주 안에 확정

4) 퇴행성 관절염

체중의 증가는 특히 몸을 지탱하는 뼈와 관절에 부담을 준다. 퇴행성 관절염은 노화현상이나 과다한 체중의 증가로 인해 관절연골의 변성을 초래하여 질환을 일으키는 현상이다.

5) 통 풍

혈액 속에 요산이라는 물질의 증가, 배설의 장애로 인해 바람만 불어도 아프다는 질병의 일종이다. 이것은 비만인 경우에 발병률이 높고 조직에 영향을 주어 여러 가지 증상을 유발하는 질환이다.

6) 거식증(신경성 식욕부진)

비만에 대한 극심한 스트레스로 인해 엄격한 다이어트나 음식을 제한하고 거부하는 심리적 장애이다. 음식을 계속 거부하게 되면 체온과 맥박수의 감소, 빈혈, 혈액 내 미네랄 대사(칼륨)의 이상, 폐경 등과 같은 증상이 나타나고 사망에 이르는 경우도 있다.

7) 수면 무호흡 증후군

수면 무호흡 증후군은 수면 시 호흡이 중단되는 것을 특징으로 하며, 어떤 경우에는 저 산소증이 되기도 한다. 수면 중 충분한 피로회복이 되지 않으며 이는 낮 동안에도 졸리게 되는 원인이 되며 조기 사망의 원인이 된다.

8) 담석증

담석증은 담도에 생기는 질병으로 콜레스테롤이 증가함으로써 칼슘 등이 섞여 형성하는데, 비만한 경우 지방대사의 장애를 유발함으로써 발병률이 더 높다.

9) 지방간

비만한 경우 90% 이상이 지방간을 가지고 있다. 이것은 간세포에 중성 지방이 과잉축적 됨으로써 간에 지방이 쌓여 비대해지는 증상을 초래한다.

10) 여성질환

비만은 난소 기능의 장애로 인한 불임을 유발할 수 있고, 월경 이상을 초래(무월경, 과소월경)할 수 있다. 비만 여성은 정상 여성에 비해 난소 자체의 초자화, 퇴화난포가 증가한다.

7. 비만도 측정방법

1) 체중과 신장을 이용한 비만도 측정법

체중과 신장을 이용한 비만도 측정은 신체질량지수(Body Mass Index; BMI)와 Broca지수를 이용한 방법이 있다. 체중과 신장을 이용한 비만도는 체지방률이나 체지방량과 상관성이 있고, 측정이 간편한 장점이 있다.

(1) 신체질량지수(BMI : Body Mass Index) ; 체질량 지수

신체질량지수는 체지방량의 정도를 비교적 정확히 반영할 수 있고 매우 간단히 구할 수 있는 방법이다. 체질량 지수는 신장과 체중을 이용하여 비만을 측정하여 체지방의 함량을 나타내는 계산 방식이다. 체질량 지수의 공식과 평가지표는 다음과 같다.

$$\text{체질량 지수(BMI)} = \frac{\text{체중 (kg)}}{\text{신장 } (m^2)}$$

(2) Broca지수 비만도

Broca지수 공식은 신장과 체중을 이용해서 표준 체중값을 구하고, Broca지수 공식에 의하여 비만도를 산출한다. 그리고 산출된 비율을 판정도에 의해 비만 등급을 분류한다.

표 2-3. WHO의 체질량 지수의 평가지표

분 류	BMI (kg/m²)	비만관련 질환 발생위험
저체중	〈 18.5	낮음(그러나 다른 종류의 임상질환 위험 있음)
정 상	18.5~25.0	
과체중	26 ≤	
	25.0~29.9	증가함(increased)
비만 I	30.0~34.9	중등도(moderate)
비만 II	35.0~39.9	고도(severe)
비만 III	40 ≤	최고도(very severe)

* WHO. Obesity Preventing and the Global Epidemic-Report of a WHO Consultation On Obesity. 1997

표 2-4. 대한비만학회의 과체중 분류

분 류	BMI (kg/㎡)	비만관련 질환 발생위험
저체중	〈 18.5	낮음(그러나 다른 종류의 임상질환 위험 있음)
정 상	18.5~22.9	
과체중	23 ≤	
과체중	25.0~24.9	증가함(increased)
비만 I	25.0~30.0	중등도(moderate)
비만 II	30.0~34.9	고도(severe)
비만 III	35.0 ≤	최고도(very severe)

* 김상만, 세계 각국의 비만치료 지침, 대한비만학회지, 1999

Key - Point

Broca지수 공식

- 신장 등급에 관계없이 적용시키는 방법
  - 표준체중 = [신장(cm)−100] × 0.9
- 신장 등급에 따라 적용시키는 방법
  - 160 cm 이상 : 표준체중 = [신장(cm)−100] × 0.9
  - 150−159 cm : 표준체중 = [신장(cm)−150] × 0.5 + 50
  - 150 cm 미만 : 표준체중 = 신장(cm)−100
- $\text{비만도(\%)} = \dfrac{\text{실제체중(kg)} - \text{표준체중(kg)}}{\text{표준체중(kg)}} \times 100$

표 2-5. Broca지수의 비만도

공식비율 (%)	비만도
〈 −20	체중부족
±10	정상
〉 20	과체중
20~30	경도 비만
30~35	중등도 비만
〉 50	고도 비만

2) 체지방을 이용한 비만도 측정법

비만은 체지방이 과잉 축적된 상태로 체지방량, 지방분포의 측정을 통해 비만을 판정할 수 있다. 체지방을 이용한 비만도 측정 방법에는 수중 체중법, 피하지방 두께, 전기전도, 임피던스법 등으로 측정한다.

(1) 수중 체중법(Underwater Weighting)

수중 체중법은 수중에서 체중이 가벼워지는 정도에서 체적을 측정하고, 체중을 체적으로 나누어 신체밀도를 구하는 것이다. 숨을 다 내쉰 상태에서 물속에 들어가 체중을 측정하여 신체밀도를 구한다. 신체밀도 체지방률은 Brozek의 공식을 이용하여 측정한다.

Brozek 공식

- F = (4.570/D−4.142) × 100
- 체지방량 = 체중 × F

F : fat(체지방률(%)), D : density(체밀도)

(2) 생체 전기저항법 임피던스법 (Bio-electrical Impedance Analysis ; BIA)

생체 전기저항법은 미세한 고주파를 적용하여 전류가 지방조직에서 저항하는 원리를 이용한 방법으로 체지방 질량, 제지방 질량과 체수분량을 측정한다. 임피던스법이라고도 한다.

임피던스법 공식

- FFM = TBW/0.732
- % F = (Wt−FFM)/Wt × 100
- % F = (4.570/BD−4.142) × 100
- FFM : fat free mass(제지방량)
  TBW : total body
- water(체수분량), F : fat(지방량)
- Wt : weight(체중)
  BD : body density(체밀도)

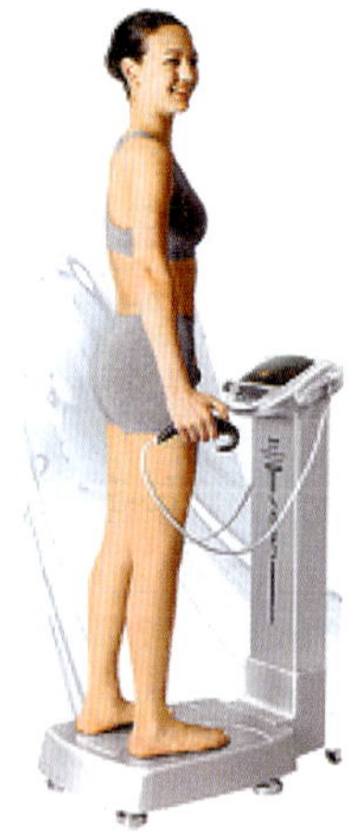

그림 2-2. 생체 전기저항법

Key - Point

생체 전기저항법 측정시 주의사항

- 식후 2시간 후 측정한다.
- 측정 전 배뇨, 배변 후 측정한다.
- 운동이나 입욕 직후 측정을 피한다.
- 발열 시 측정을 피한다.

(3) 피하지방 두께 측정법(Skin fold thickness)

피하지방 두께 측정방법은 집게형의 측정기(피지후계 : skin fold caliper)를 사용하여 피부에 일정한 압력(10g/mm^2)을 가해 피하지방의 두께를 측정하고 체지방량을 판정하는 방법이다. 측정부위는 가슴, 복부, 대퇴전면을 두차례 측정한 후 평균값을 구한다.

그림 2-3. 피하지방 두께 측정

3) 체지방분포 측정법

(1) 허리둘레 & 엉덩이 둘레 비율 측정법(Waist to Hip Ratio; WHR)

비만도 등의 과체중 지표나 체지방률이 동일한 경우라도 축적된 체지방의 분포에 따라 비만의 형태적인 차이를 나타낸다. 허리둘레 & 엉덩이 둘레 비율은 복부형(중심형) 비만을 측정하는 방법이다.

예를 들면, 체질량 지수가 25kg/m^2 미만이라 하더라도 허리둘레가 표준보다 굵은 비만일 경우 심혈관 질환의 위험이 높아지게 된다.

복부비만 판정은 간단히 측정이 가능하면서도 내장지방 및 심혈관 질환의 위험을 가장 잘 반영하는 지표로 인정되고 있다.

측정부위는 단체마다 권고의 차이가 있으며, WHO에서 허리부위를 직립자세에서 최하위 늑골하부와 골반 장골과의 중간부위를 측정함을 추천하고 있고, 미국의 NIH에서는 엉덩이 부위를 양쪽 장골능의 가장 높은 부분 바로 위쪽에 줄자를 대어 바닥과 수평하게 하는 것을 권고하고 있다.

측정자간, 또는 측정자내 오차를 줄이기 위해 실험 시작부터 끝까지 동일인이 같은 방법으로 측정하여야 한다.

복부비만은 대체로 허리(waist)둘레와 엉덩이(hip)둘레의 비율(W/H)로 측정한다. 즉, 복부비만도=허리둘레/엉덩이둘레로 측정할 수 있다.

미국의 경우 남성은 0.95 이상, 여성은 0.8 이상을 비만으로 판정하고, 유럽에서는 남성은 0.9, 여성은 0.8 이상을 비만으로 판정하며 우리나라에서는 대체로 남성은 1.0, 여성은 0.85 이상을 기준으로 보고 있다.

$$\text{복부비만(WHR)} = \frac{\text{허리둘레}}{\text{엉덩이둘레}}$$

표 2-6. 피하지방 두께의 비만도

측정값 (mm)		비만도
남자	35~44	과체중
	〉 45	비만
여자	45~54	과체중
	〉 55	비만

표 2-7. 허리둘레 & 엉덩이 둘레 비율(WHR) 측정 부위 위치

부 위	측정위치
허리둘레	동체의 가장 가는 부위를 측정한다.
엉덩이둘레	둔부의 최대 둘레를 측정한다.

표 2-8. 허리둘레 & 엉덩이 둘레 비율(WHR)지수의 비만도

측정값		비만도
남자	0.8~0.94	정상
	〉 0.95	비만
여자	0.7~0.84	정상
	〉 85	비만

3 체형관리 상담 및 분석

학습목표

1. 체형관리에 필요한 상담의 방법과 절차 등을 알 수 있다.
2. 체형분석 방법을 이해하고, 실제 적용할 수 있다.

1. 체형관리 상담 및 분석의 절차

체형관리의 상담단계는 고객의 체형 문제점을 정확하게 분석하고, 그에 적합한 체형관리 프로그램을 제시하기 위한 중요한 과정이다. 체형에서 발생되는 문제는 여러 요인들이 복합적으로 작용되고 있기 때문에 그 원인을 정확하게 파악하는 것이 중요하다. 따라서 상담과정은 효과적인 체형관리를 수행하기 위해 고객의 생활환경, 식습관, 운동습관, 건강상태 등의 요인을 파악하고, 체중, 신체계측, 체지방, 셀룰라이트 분포 등을 분석하여야 한다. 또한 체형관리의 방법과 절차 등에 관하여 설명함으로써 고객의 이해를 돕고, 지속적으로 건강하고 아름다운 체형을 유지·관리할 수 있도록 올바른 생활습관 개선을 유도하기 위함이다.

1) 상담 목적

- 고객의 방문 목적을 파악한다.
- 체형 상태 및 체형 환경조건(생활습관, 식습관, 운동습관, 환경적 요인, 건강요인, 내적요인 등)을 조사하여 체형상태 문제의 원인을 파악한다.
- 체형 문제의 원인을 해결할 수 있는 방법과 체형관리 계획을 수립한다.
- 고객에게 시행할 체형관리 과정 및 방법에 대하여 설명한다.
- 고객의 생활습관 및 문제요인에 대하여 행동수정을 유도하고, 관찰한다.

2) 상담 효과

- 체형관리의 필요성을 인식할 수 있다.

- 고객의 신뢰도와 만족도를 높일 수 있다.
- 체형의 문제를 파악하여 효율적인 관리 계획을 수립할 수 있다.
- 전문적인 관리방법을 제시할 수 있다.

3) 상담의 단계

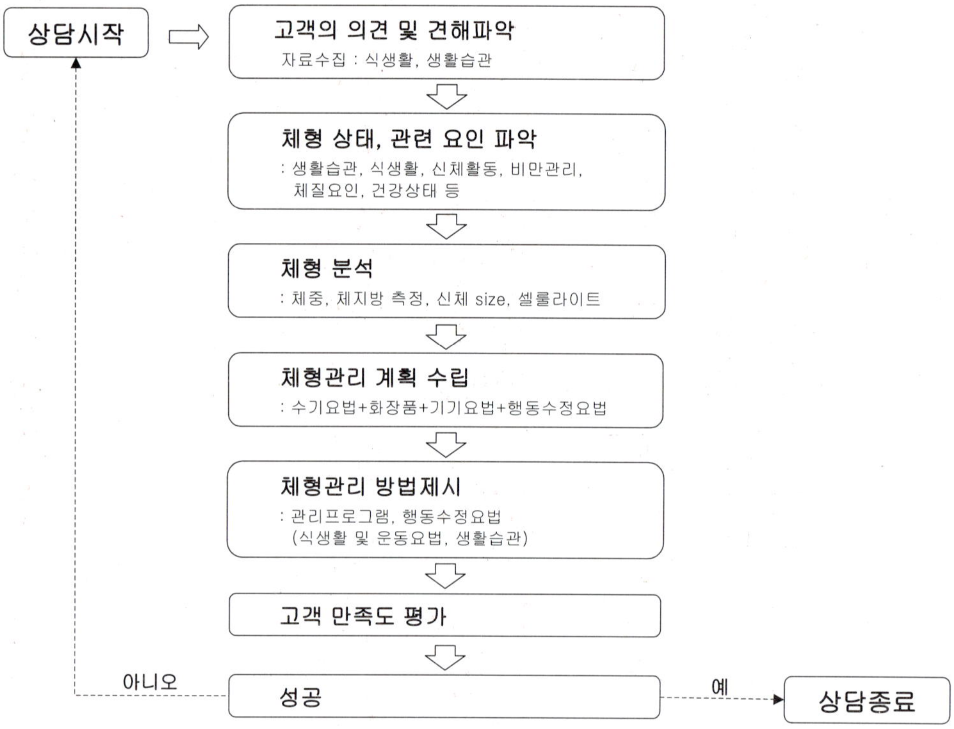

4) 상담자의 역할

상담자의 역할은 고객의 문제를 파악하고, 해결책을 제시하여 성공적인 결과를 얻어내야 한다. 이 과정에서 상담자는 고객과의 공감대가 형성되어야 하고, 공동의 노력이 필요함으로 고객에 대한 배려와 관심이 무엇보다도 중요하다.

- 문제 원인과 해결점을 제시하기 위해 전문적 지식 및 기술이 필요함
- 고객의 문제점과 요구사항을 경청하고, 해결책을 제시할 수 있는 문제해결 능력이 필요함
- 효율적인 상담기술(고객 배려, 적절한 언어선택, 따뜻한 표정, 공손한 자세, 선입견 배제, 객관적 사고 등)이 필요함

Key - Point

상담의 효과적인 표현법

- 상대방 얼굴 표정, 목소리로 반응을 감지하여, 알고 싶은 내용을 직접 물어 볼 필요도 있다.
  예) "어떻게 해서 방문하시게 되었습니까?" , "지금 가장 걱정거리가 무엇입니까?"
- 대화가 확대되거나 탈선되는 경우에는 질문을 반복하여 자연스럽게 전환할 수 있다.
- 좋은 경청자의 대답은 긍정적 표현이다.
  예) '과연', "그래서 어떻게 되었어요?" , "그렇군요."
- 모르는 것을 아는 척 할 필요는 없으며 고객을 이해하도록 노력하는 것이 중요하다.
- 고객의 질문에 명확히 대답할 수 없으면 "알아보고 대답해 드리겠습니다."라고 정확히 말하는 것이 좋다.
- 사교적으로 말을 유창하게 할 필요는 없으며, 경청이 중요하다.
  - 자신감의 과함은 상대방을 가볍게 평가하며, 자기 경험이나 의견을 강요하기 쉽다.
  - 상담자는 자신에게 엄격하며 공부를 게을리 하지 않고, 사람들에게 관용하는 노력이 필요하다.

2. 체형분석

효과적인 체형관리를 실행하기 위해 이루어지는 단계로써 체형의 특징 및 형태를 계측하는 과정이다.

표 3-1. 체형분석에 사용되는 기기

기 기 명	목 적
체중계	체중
체지방 측정기	체지방, 제지방
체성분 분석기	체중, 신장, 체지방, 제지방, 체성분 분석
셀룰라이트 측정기	셀룰라이트 분포
캘리퍼	피부 주름 두께
줄 자	신체 부위별 사이즈

1) 문 진

체형에 미치는 내·외적 요인들과의 관련성을 파악하기 위해 고객과 질의응답을 통한 주관적 조사 방법이다.

2) 신체계측

(1) 체중 : 체중계

- 체중계로 올라가 체중계의 수치가 정지했을 때 측정한다.
- 측정자가 옷을 입고 측정할 경우, 측정한 체중에서 0.5kg(옷 무게)를 뺀 수치를 적용한다.

(2) 체지방 : 체지방 측정기

체지방 측정기는 임피던스(impedance; 전기저항)의 원리를 이용한 것이다. 즉, 인체에 무해한 낮은 전류를 전도시켜 인체의 저항을 측정하여 체지방율을 구하는 방법이다.

① 효 과

- 측정이 편리하고 간편하며, 정확도가 높다.
- 과학적인 체지방 분석을 통해 체형관리의 효율성을 높인다.
- 측정 결과에 따른 체형관리 분석 및 관리 계획을 수립할 수 있다.

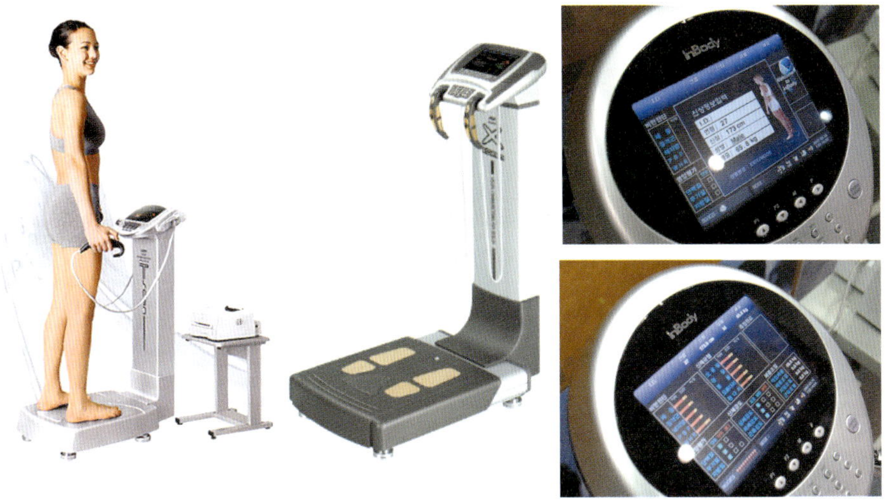

그림 3-1. 체지방 측정기

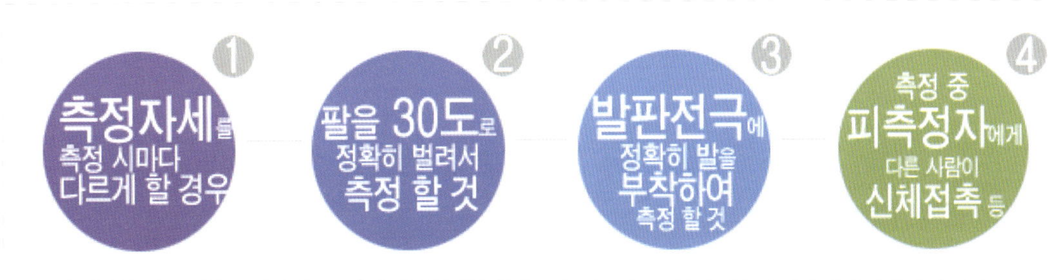

그림 3-2. 측정자세

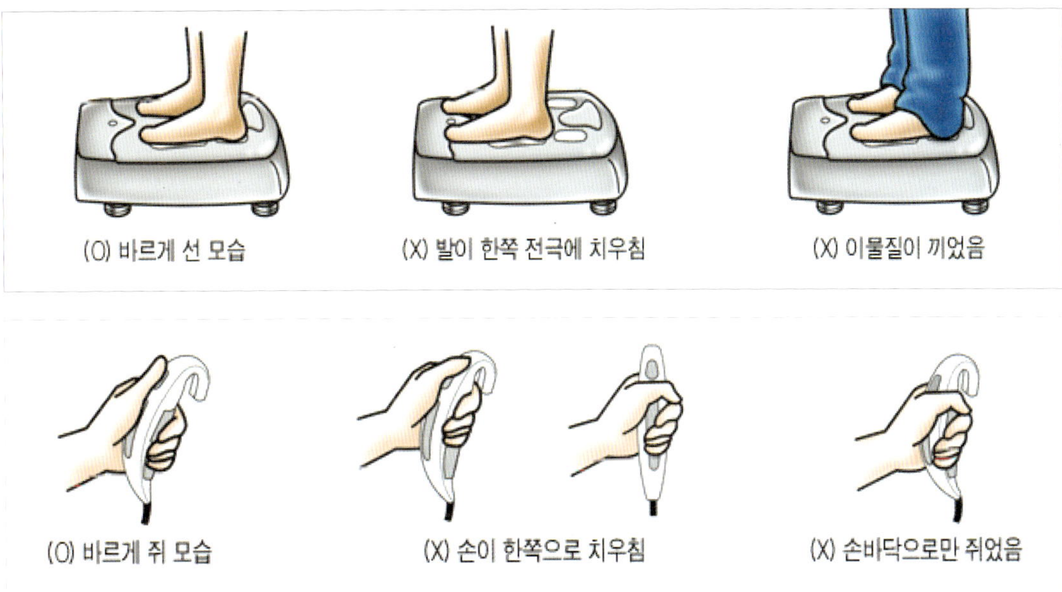

그림 3-3. 전극에 접촉하는 방법

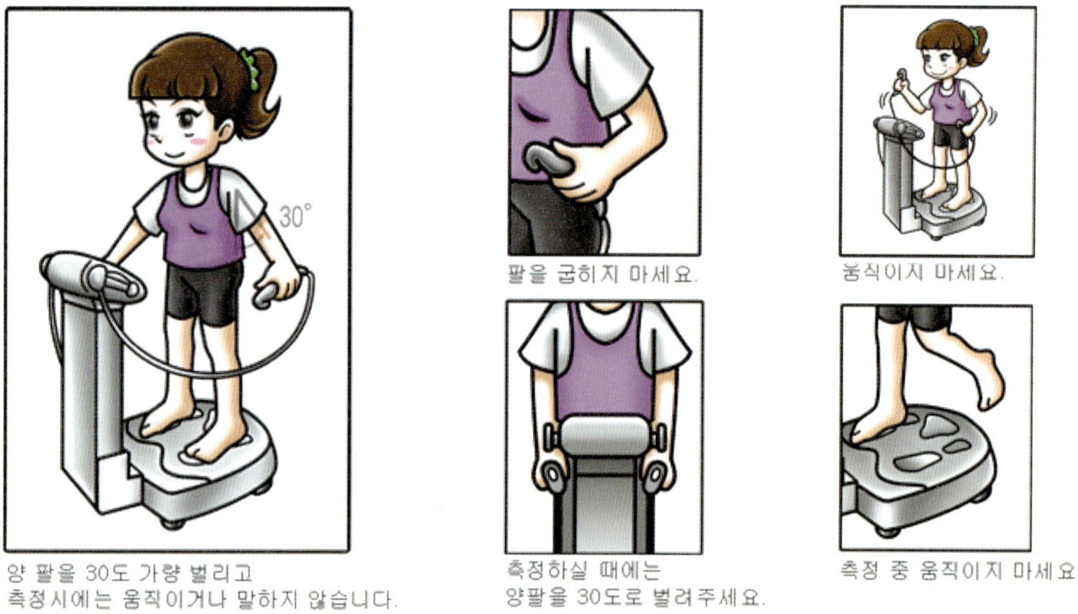

그림 3-4. 올바른 측정 방법

② 적용 방법

- 측정시간은 하루 중 일정한 시간으로 정한다.
- 효과적인 측정시간은 기상 후 3시간, 저녁식사 2~3시간 전으로 한다.
- 측정 30분 전에 배뇨한다.

③ 측정 부위

- 전신, 부위별 측정(오른팔, 오른다리, 왼팔, 왼다리, 몸통)

④ 측정 항목

구 분	측 정 항 목
1st	단백질, 무기질, 체지방량, 체수분량, 세포내/외수분량, 근육량, 골격근, 제지방량, 체중, BMI, 신체연령, 기초대사량, 1일 필요열량, 복부비만율, 세포량, 체형평가(소아성장곡선), 내장지방 레벨, 피하/내장지방량, 내장지방 면적, 복부비만 예측도, 부종평가, 신체 5부위의 근육량/부종, 혈압
2nd	부위별 비만평가, 체형별 맞춤 설명, 복부비만 평가, 신체 상하, 좌우 발달 및 균형평가
3rd	체성분 분석을 기본으로 한 식단과 운동처방 및 목표 심박수 제공

⑤ 주의사항

- 피검자의 목걸이, 반지 등의 금속성 물질을 제거 후 측정한다.
- 검사하기 전 4시간 동안에는 식음료를 금한다.
- 검사하기 전 12시간 동안에는 운동을 금한다.
- 검사하기 30분 전에 배뇨한다.
- 검사하기 전 48시간 동안에는 알코올 섭취를 금한다.
- 검사하기 전 7일 동안에는 이뇨제 섭취를 금한다.
- 검사실의 온도는 25℃를 유지한다.
- 오른쪽이나 왼쪽을 정해 항상 측정하던 부위를 측정한다.

(3) 신체 사이즈 계측

부 위	측정방법
신 장	- 맨발로 양발 끝을 30~40° 벌리고, 신장계의 기둥에 발뒤꿈치, 엉덩이, 등 부위가 가볍게 닿는 위치에서 직립자세를 취한다. - 머리는 귀와 눈이 수평으로 유지하고, 신장계의 계측대를 머리 정점에 대고 측정한다.
목 둘레	- 똑바로 선 자세에서 시선을 수평으로 유지하게 하여 경추 5번 위치를 지나는 선을 측정한다.
가슴 둘레	- 피검자의 양팔을 올린 후 견갑골 하각과 유두를 통과한 선을 숨을 내쉰 후 측정한다.
복부 둘레	- 배꼽을 통과하는 수평선을 피검자가 숨을 내쉰 후 측정한다.
둔부 둘레	- 좌우 대퇴돌기점을 지나는 수평둘레를 측정한다.
상완근 둘레	- 피검자는 팔에 힘을 빼고 가볍게 손을 아래로 내린 상태에서 상완 중앙부의 최대 팽창부위를 측정한다.
전완근 둘레	- 팔에 힘을 빼고 가볍게 손을 아래로 내려 상완 중앙부의 가장 굵은 부위를 측정한다.
손목 둘레	- 팔에 힘을 빼고 가볍게 손을 아래로 내린 상태에서 손목의 가장 가는 부위를 측정한다.
대퇴근 둘레	- 양발을 5~10cm 정도 간격을 두고 다리를 벌린 상태에서 대퇴의 가운데 가장 굵은 곳을 줄자를 이용하여 측정한다.
비복근 둘레	- 대퇴근 둘레를 측정할 때의 자세에서 종아리 가운데 가장 굵은 곳을 측정한다.
발목 둘레	- 대퇴 둘레를 측정할 때의 자세에서 하퇴의 복숭아 뼈 바로 위의 가장 가는 부위를 측정한다.

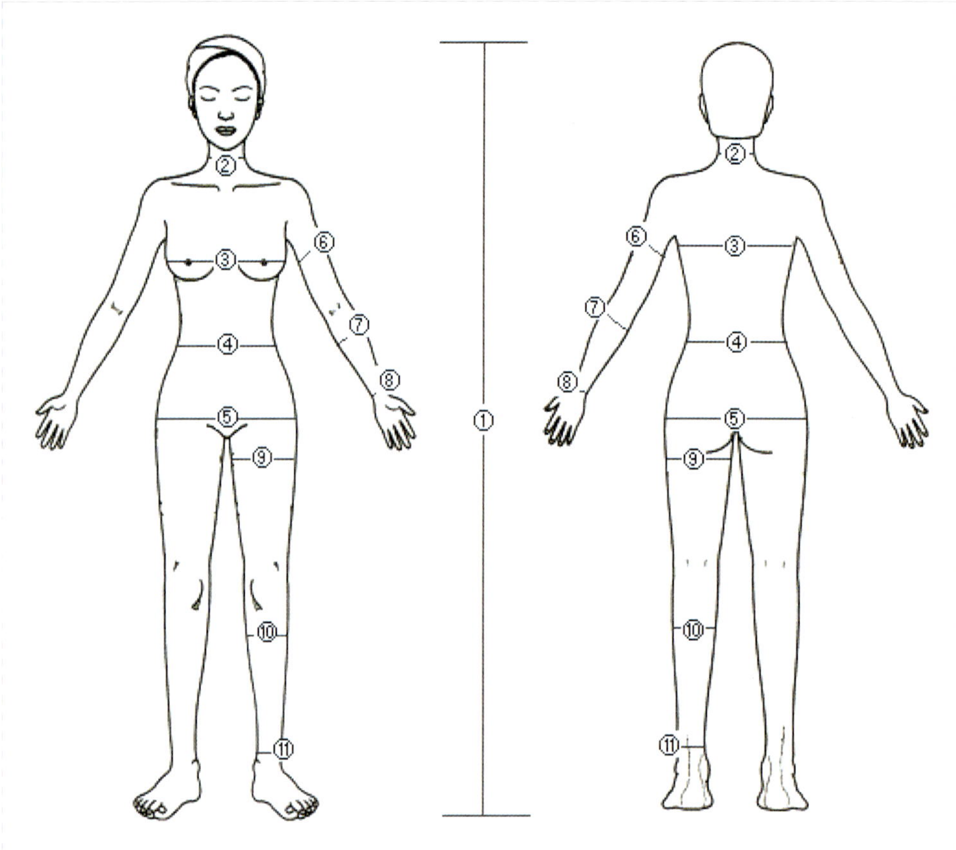

① 신장 ② 목 둘레 ③ 가슴 둘레 ④ 복부 둘레 ⑤ 둔부 둘레 ⑥ 상완근 둘레
⑦ 전완근 둘레 ⑧ 손목 둘레 ⑨ 대퇴근 둘레 ⑩ 비복근 둘레 ⑪ 발목 둘레

그림 3-5. 신체 사이즈 측정 부위

(4) 피부 두겹 측정 : 캘리퍼(Skin-fold Caliper ; 피지후계)

캘리퍼는 피부주름 두께를 측정하는 집게형의 기구로, 피하지방의 두께를 측정하여 전체 체지방의 정도를 평가할 때 사용하는 기기이다.

그 종류로는 Harpenden, Skyndex, Lange 캘리퍼가 있다.

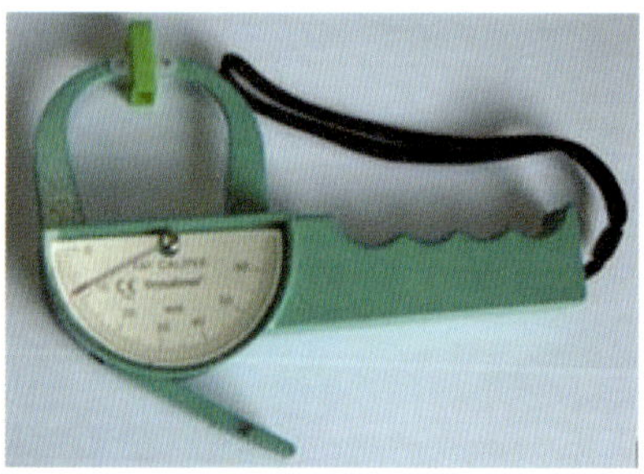

그림 3-6. 캘리퍼

Key - Point

기타 비만 진단시 사용되는 기기

줄자, 체중계, 신장계, 초음파기, 컴퓨터 단층 촬영기(CT), 자기공명영상기(MRI)

① 효과 및 특징

- 피하지방의 두께가 체지방률을 잘 반영하기 때문에 비만도 평가에 이용한다.
- 사람에 따라 지방의 분포가 다르기 때문에 그 정확도가 떨어질 수 있다.
- 건강의 적신호인 복부지방을 측정할 수 없다는 제한점이 있다.

② 측정 방법

- 엄지와 집게손가락으로 측정부위의 근육과 근막을 제외한 표피와 피하지방을 견고하게 잡고 서서히 들어 올린다.
- 캘리퍼를 손가락으로 잡은 부위의 아래쪽 1cm 부위에 댄다.
- 피하지방을 견고하게 잡은 후 캘리퍼의 손잡이를 서서히 놓는다.
- 캘리퍼의 손잡이를 놓은 후 1~2초간 0.5mm까지 피하지방 측정치를 기록한다.
- 측정은 원칙적으로 신체의 오른쪽을 대상으로 하며, 캘리퍼는 잡은 축에 직각이 되도록 한다. 측정은 3회 실시하여 평균값을 사용한다.
- 세 부위의 측정치 합을 구한 다음, 체지방율 추정을 위한 도표에서 자신의 연령과 각각의 성별에 해당하는 선에서 체지방율을 구한다.

③ 측정 부위

- 남 성 : 가슴, 복부, 대퇴전면
  → 남성의 경우 견갑골 하부의 피하지방 두께가 총 지방량을 반영
- 여 성 : 상완삼두근, 싱징골, 대퇴전년
  → 여성과 어린이의 경우 삼두근의 두께가 총지방량을 반영

④ 캘리퍼를 사용하는 피하지방 두께 방법 및 측정부위별 위치

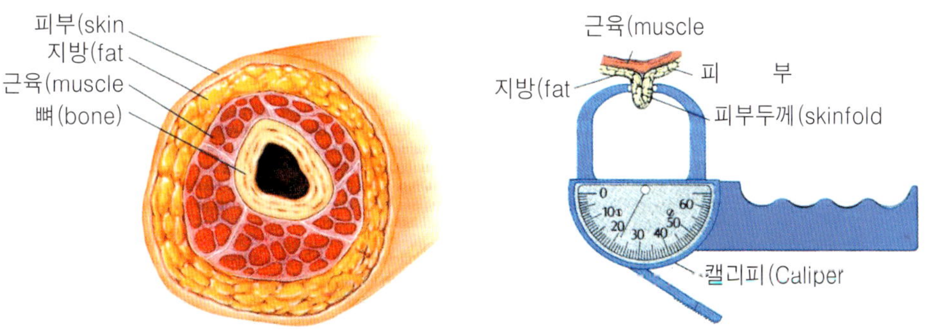

그림 3-7. 피하지방 두께 측정방법

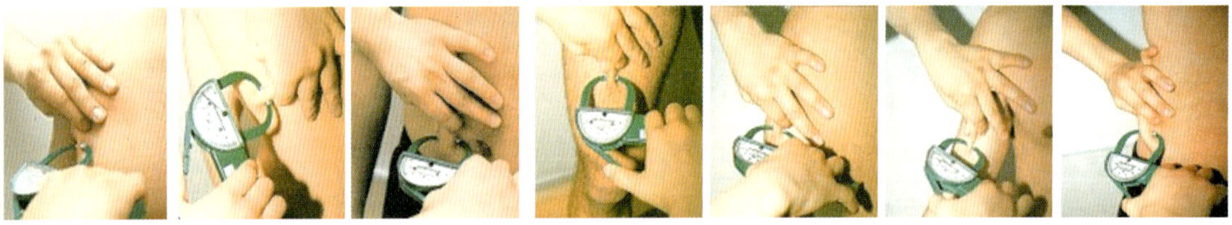

그림 3-8. 부위별 피하지방 측정

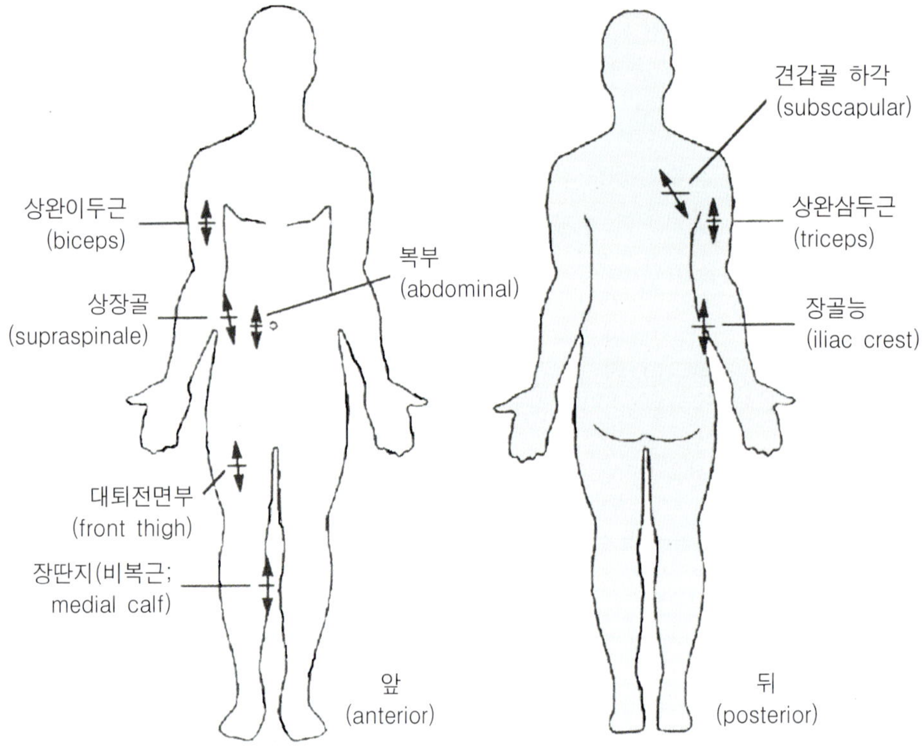

그림 3-9. 피하지방 두께 측정부위별 위치

표 3-2. 측정부위별 피하지방 두께 측정 방법

부 위	측 정 방 법
가 슴	- 남자는 유두와 겨드랑이 주름 사이의 중간 지점을, 여자는 유두로부터 2/3지점을 대각으로 측정한다.
복 부	- 배꼽 오른쪽 2cm 지점을 수직으로 측정한다.
상완이두	- 배 위, 어깨와 팔꿈치의 중간지점을 수직으로 측정한다.
상장골	- 겨드랑이선과 장골능이 이어지는 곳을 대각으로 측정한다.
견갑하	- 견갑골의 하각을 따라 1~2cm 아래의 피부를 대각(45°)으로 측정한다.
상완삼두	- 팔을 자연스럽게 내린 상태에서 상완후면, 견봉(어깨)과 주두도기(팔꿈치) 사이의 중앙 지점을 수직 측정한다.
대 퇴	- 서혜부와 슬개골 사이에서 대퇴 중앙의 전면 부위를 수직으로 측정한다.

표 3-3. 피지후계 측정을 통한 비만도

남 자	여 자	비만도
30~36mm	46~59mm	경도비만
37~42mm	60~73mm	중등도비만
43mm 이상	74mm 이상	고도비만

⑤ 주의사항

- 캘리퍼는 실제 피하지방을 측정하기 때문에 측정자에 따라 오차가 발생될 수 있으므로 재현성을 높이는 숙련과정이 필요하다.
- 피 측정자에게 불쾌감을 주지 않도록 주의한다.

(5) 셀룰라이트 측정법

① 온도기록법(Thermography)의 원리

온도기록법, 즉 터모그래피(Thermography) 측정법은 피부에서 지방과 셀룰라이트의 미세한 온도변화를 측정하여 피하지방층의 정상 상태와 부종성 지방, 셀룰라이트 결절, 지방축적 등 여러 단계로 분류한다. 터모그래피 측정판을 실험자의 피부에 일정시간 반응시킨 후, 온도에 따른 측정판의 변화를 이용하여 셀룰라이트의 축적 정도를 판단한다.

그림 3-10. 터모그래피 측정 기기

② 터모그래피(Thermography) 평가방법

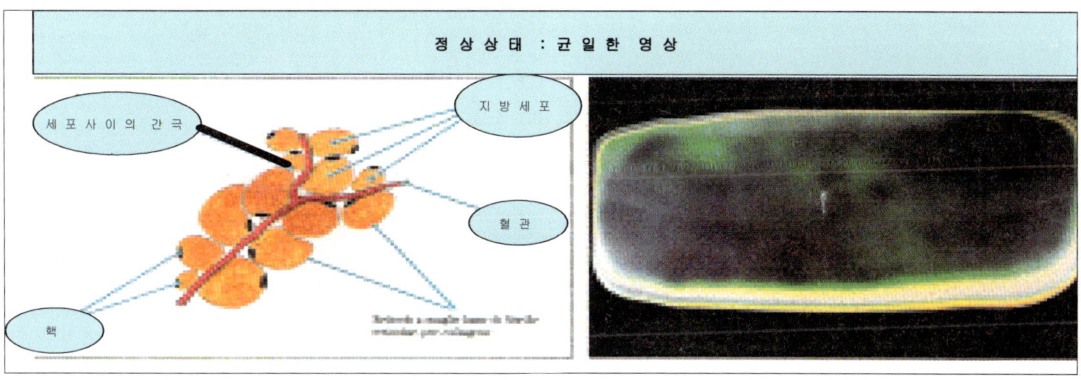

1 단 계 (충 혈 및 부 종) : 불 균 형 영 상

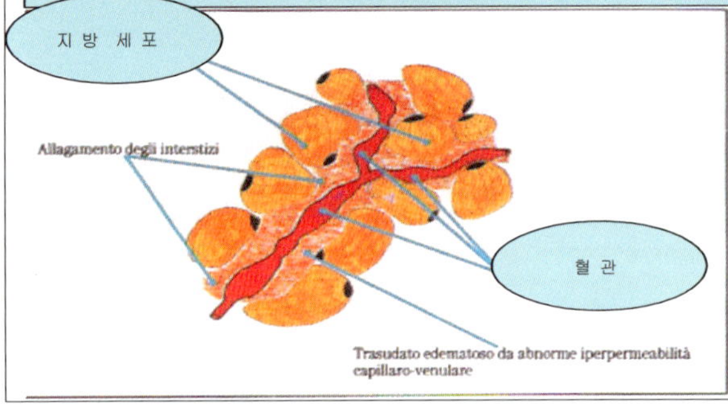

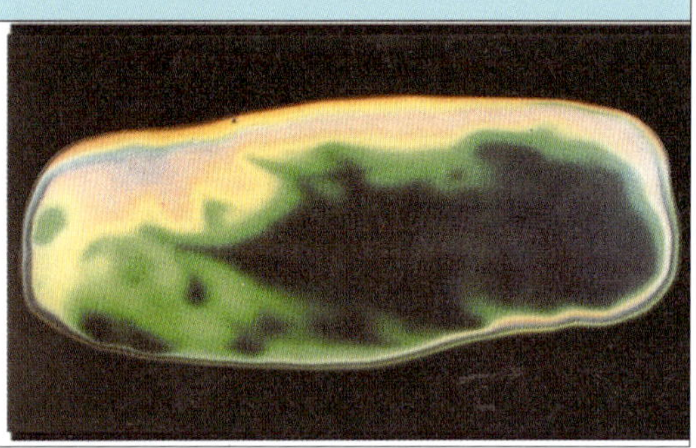

2 단 계 (혈 행 장 애 및 부 종) : 반 점 영 상

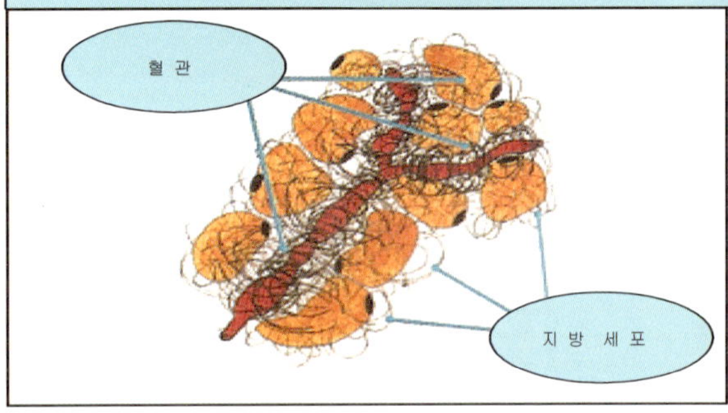

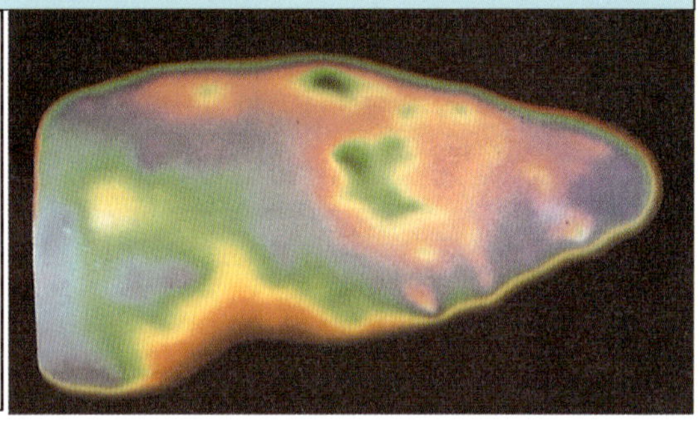

3 단 계 (미 세 결 절) : 표 범 가 죽 반 점 영 상

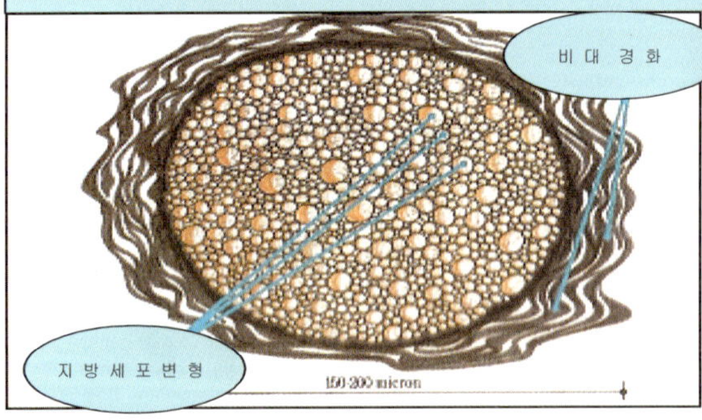

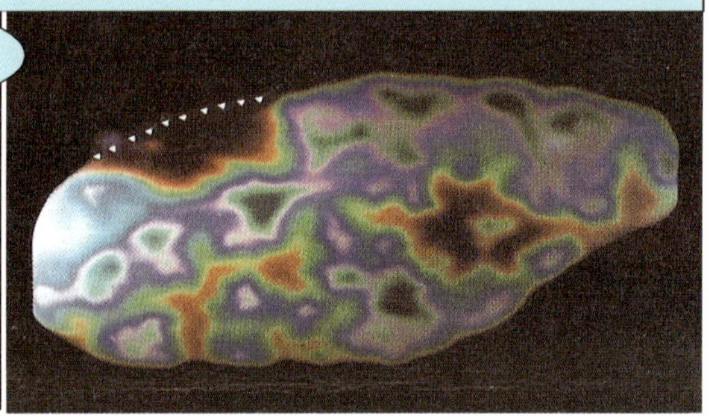

4 단 계 (거 대 결 절) : 블 랙 홀 영 상

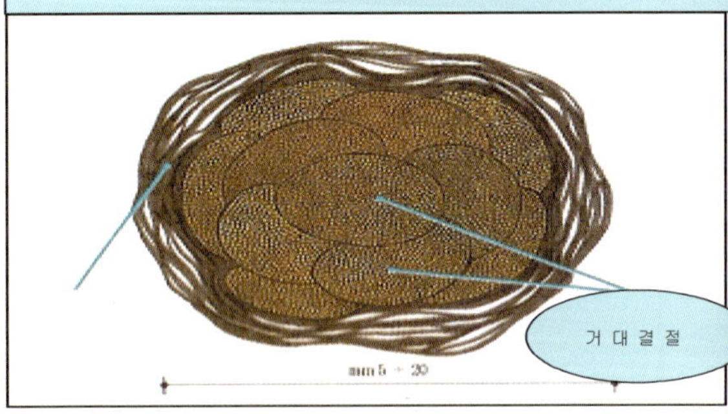

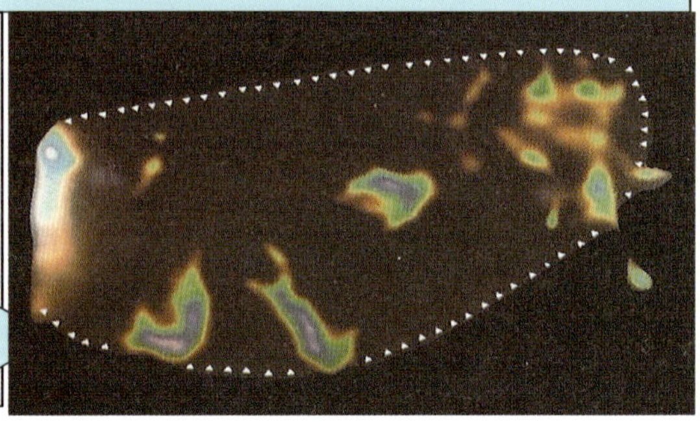

3. 체형관리 상담 및 분석 카드 유형

1) 고객신상

성명, 생년월일, 주소, 연락처, 직업, 결혼여부, 신장, 체중, 가족구성, 혈액형 등 고객의 기본적인 신상에 관하여 조사·기록한다.

2) 체형관련 요인

조사내용은 생활환경, 건강요인, 식이요법, 운동요법, 기타 환경적 요인, 심리적 요인 등으로 분류하여 그 구체적인 내용을 파악하여 기록한다.

3) 체형분석

체형분석은 체중, 신체계측, 체지방, 셀룰라이트 분포 등 체형과 관련된 요인을 관찰 및 평가하여 기록한다.

4) 체형관리 내역표

체형관리 내역표는 관리일자, 횟수, 관리자명, 목적, 단계를 구체적으로 기록한다. 또한 제품명, 기기명, 사용량, 기간, 방법 등이 정확하게 기재되어야 한다.

표 3-4. 고객신상 조사 카드

번 호		관리사명	
고객성명		생년월일	년 월 일 (만 세)
주 소			
연 락 처		직 업	
성 별	□ 남 / □ 여	결혼여부	
신 장	cm	체 중	kg
혈 액 형			
비 고			

표 3-5. 체형관련 요인 조사 카드(예제 1)

체형의 문제							
생활 환경	평소체중		최고체중		최저체중		
	가 족 력	□ 정상	□ 비만		□ 셀룰라이트	□ 당뇨	
	취 미						
	성 격						
생활 습관	활 동 량						
	식 습 관	□ 규칙적	□ 불규칙적				
	식이요법	□ 균형잡힘	□ 열량과잉				
	음 료	□ 물					
	술	□ 전혀안함	□ 약간		□ 보통	□ 많음	
	담 배	□ 전혀안함	□ 약간		□ 보통	□ 많음	
	수 면						
	운동종류	□ 전혀안함	□ 약간		□ 보통	□ 많음	
	복용약물						
	수술요법						
심신상태							
피부상태							
건강상태	알레르기	□ 화장품	□ 식품		□ 약물	□ 기타	
	생리주기	□ 규칙적	□ 불규칙적				
	피 임	□ 경구피임	□ 기타				
	임 신	□ 횟수	□ 자녀수				
	유 선	□ 보통	□ 낭종		□ 처짐	□ 위축	
	순 환 계	□ 순환부족다리	□ 정맥류		□ 수족냉증		
	신 경 계	□ 모세혈관확장					
체형 관리 습관	사용제품						
	경험했던 체형관리의 종류						

표 3-6. 체형관련 요인 조사카드(예제 2)

1	평소체중 : kg, 최고체중 : 세 kg, 최저체중 : 세 kg
2	초경 생리 특성: □ 규칙 □ 불규칙 생리 시작: 년도 ▪ 어린 시절부터 살이 찐 편입니까? □ 예 □ 아니오 ▪ 전에 다이어트 하신 적 있습니까? □ 예 □ 아니오 ▪ 그 결과 체중의 변화가 어떠했습니까? □ 예 □ 아니오 ▪ 최근 체중이 증가하고 있습니까? □ 예 □ 아니오
3	가족 중 비만인 사람이 있습니까? ▪ <예>인 경우 누구? ( ) □ 예 □ 아니오
4	일상생활 활동량에 표시하십시오. □ 안정상태: 하루종일 거의 누워있는 경우 등 □ 좌식생활: 사무직, 운전, 연주, 설거지, 요리, 빨래, 보통생활로 걷기, 학생, 앉아있기 등 □ 가벼운 활동: 아기보기, 목욕, 오락으로서의 운동(자전거, 탁구 등) □ 중 생활: 규칙적인 운동, 간호사, 목공, 빨래걷기 등 □ 심한운동: 운동경기, 광업, 달리기, 농업, 등산 등
5	증상이 있는 곳에 표시 하십시오 □ 물을 많이 먹는다 □ 쉽게 피로하다 □ 무릎, 허리통증이 있다 □ 숨이 차다 □ 심한 체중변화 □ 몸이 자주 붓는다 □ 불규칙적인 월경 □ 소화장애 □ 소변보기가 힘들다 □ 설사를 자주한다 □ 땀이 많이 난다 □ 변비
6	다음 질병 중 의사에게 진단 받은 적이 있으면 해당란에 표시하십시오. □ 고혈압 □ 당뇨 □ 지방간 □ 고지혈증 □ 간경화 □ 협심증 □ 부정맥 □ 위장질환 □ 알레르기 □ 갑상선 질환 □ 신장병 □ 관절염 □ 기타질환 ( )
7	최근 3개월 동안 사용한 약은? □ 이뇨제 □ 변비약 □ 칼슘제제 □ 신경안정제 □ 위장약 □ 보약 □ 진통제 □ 녹즙 □ 비타민 □ 갑상선약 □ 혈압약 □ 당뇨약 □ 기타질환 ( )
8	정기적인 건강검진을 받습니까? □ 예 □ 아니오
9	운동 중 심한 현기증을 느끼신 적이 있습니까? □ 예 □ 아니오
10	기절하신 적이 있습니까? □ 예 □ 아니오
11	현재 자신의 건강에 대해 어떻게 생각하십니까?

운동습관

1	운동 중 가슴의 통증으로 자주 고통을 받습니까?	□ 예	□ 아니오
2	운동 중 발목, 무릎, 허리에 통증은 있습니까?	□ 예	□ 아니오
3	무리한 운동을 하지 말라고 의사에게 들은 적이 있습니까?	□ 예	□ 아니오
4	지금 하고 있는 운동 종목은? ( )		

규칙적인 운동을 하시는 분만 작성하십시오(4-1부터 4-4까지)

4-1	현재 일주일에 몇일 정도 운동을 하십니까?			
	□ 1일	□ 2일	□ 3일	□ 4일 이상(일)
4-2	규칙적으로 운동을 실시한 기간은?			
	□ 1개월	□ 2개월	□ 3~6개월	□ 6개월 이상
4-3	1회 운동시간은?			
	□ 30분 이내	□ 30~1시간이내	□1~2시간 이내	□ 2시간 이상
4-4	운동 강도는?			
	□ 약하게	□ 보통으로	□ 약간 강하게	□ 강하게
5	운동을 하신다면 하루 중 언제 할 수 있으며, 몇시간 하실 수 있습니까?			
	□ 새벽(시간)	□ 오전(시간)	□ 오후(시간)	□ 저녁(시간)
6	수영을 얼마나 하실 수 있습니까?			
	□ 하지 못함	□ 25m 미만	□ 25~50m 미만	
	□ 쉬지 않고 50~100m 미만	□ 쉬지 않고 100m 이상		
7	실천 가능한 운동을 선택하십시오			
	□ 자전거 타기	□ 아쿠아로빅	□ 배드민턴	□ 스쿼시
	□ 마라톤	□ 헬스	□ 계단오르내리기	□ 에어로빅댄스
	□ 스포츠댄스	□ 줄넘기	□ 테니스	□ 조깅
	□ 걷기	□ 등산	□ 수영	□ 체조
	□ 볼링	□ 축구	□ 탁구	□ 기타( )

식생활 습관

1	규칙적인 생활			
	■ 하루에 3끼 식사를 한다.	□ 예	□ 가끔	□ 아니오
	■ 아침식사를 제대로 먹는다.	□ 예	□ 가끔	□ 아니오
	■ 정해진 시간에 식사를 한다.	□ 예	□ 가끔	□ 아니오
	■ 여유있게 천천히 식사를 한다.	□ 예	□ 가끔	□ 아니오
	■ 과식을 하지 않는다.	□ 예	□ 가끔	□ 아니오
2	균형잡힌 식생활			
	■ 곡류 음식을 매끼 먹는다.	□ 예	□ 가끔	□ 아니오
	■ 육류 반찬을 매끼 먹는다.	□ 예	□ 가끔	□ 아니오
	■ 채소 반찬을 매끼 먹는다.	□ 예	□ 가끔	□ 아니오
	■ 기름을 넣어 조리한 음식을 매끼 먹는다.	□ 예	□ 가끔	□ 아니오
	■ 우유를 매일 마신다.	□ 예	□ 가끔	□ 아니오
	■ 과일을 매일 먹는다.	□ 예	□ 가끔	□ 아니오
	■ 매끼 골고루 식사한다.	□ 예	□ 가끔	□ 아니오
3	식생활과 건강			
	■ 가공식품을 자주 먹지 않는다.	□ 예	□ 가끔	□ 아니오
	■ 단 음식을 많이 먹지 않는다.	□ 예	□ 가끔	□ 아니오
	■ 싱겁게 먹는다.	□ 예	□ 가끔	□ 아니오
	■ 동물성 기름을 자주 먹지 않는다.	□ 예	□ 가끔	□ 아니오
	■ 외식을 자주 하지 않는다	□ 예	□ 가끔	□ 아니오
	■ 과음 및 잦은 음주는 피한다.	□ 예	□ 가끔	□ 아니오
	■ 운동을 매일 한다.	□ 예	□ 가끔	□ 아니오
	■ 영양 지식을 실생활에 활용한다.	□ 예	□ 가끔	□ 아니오
	■ 간식이나 군것질을 한다.	□ 예	□ 가끔	□ 아니오
4	음주 및 음료수			
	■ 술을 마십니까?	□ 예		□ 아니오
	■ 한달에 몇 번 마십니까? (　　번)			
	■ 일회 음주량은? 소주(　　잔), 맥주(　　잔), 양주(　　잔), 포도주(　　잔)			
	■ 하루에 커피는 몇 잔 마십니까? (　　잔)			
	■ 하루에 녹차는 몇 잔 마십니까? (　　잔)			
	■ 다른 종류의 차와 음료수를 마시고 있다면 어떤 종류를 마십니까? (　　　　)			
5	흡연			
	■ 흡연을 하십니까?(하루에 몇 개나 피우십니까?　　개)	□ 예		□ 아니오

표 3-7. 체형관리 고객 카드

Treatment Chart			
Name		Marital status	
Address		Tel	Home:
			H.P:
Job		Birthday	

Measurement	
키	
체 중	
BMI	
비만도	
BMR	
체지방률	
체수분률	

Reference Record	
생리일/주기	
문제가 시작된 시기	
관리 경험	
식이 요법	
성격/취미	

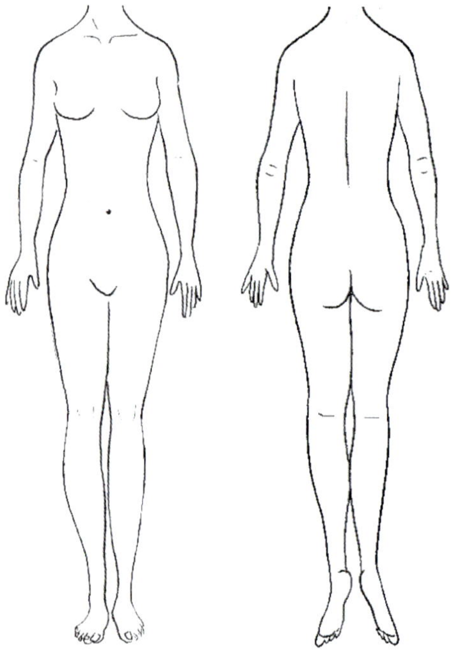

Health & Life Style	
1. Current medication	6. Headache
2. Operation/History of health problems	7. Allergy
3. Pregnancy	8. Stress or Strain
4. Problem with menstruation	9. Smoking/Drinking
5. Blood pressure	10. Sleeping Hours

표 3-8. 체형분석 카드

<table>
<tr><th colspan="10">체형 평가 측정표</th></tr>
<tr><td colspan="4">개인신상기록</td><td colspan="2">성별</td><td colspan="4">□ 남 □ 여</td></tr>
<tr><td>성명</td><td colspan="2"></td><td colspan="2">나이</td><td colspan="2">생년월일</td><td colspan="3">년 월 일</td></tr>
<tr><td colspan="2" rowspan="3">측정결과 / 부 위</td><td rowspan="3">상담시
월 일</td><td colspan="6">관리진행</td><td rowspan="3">비고</td></tr>
<tr><td colspan="2">1차: 월 일</td><td colspan="2">1차: 월 일</td><td colspan="2">1차: 월 일</td></tr>
<tr><td>관리전</td><td>관리후</td><td>관리전</td><td>관리후</td><td>관리전</td><td>관리후</td></tr>
<tr><td colspan="2">신장(cm)</td><td>kg</td><td>kg</td><td>kg</td><td>kg</td><td>kg</td><td>kg</td><td>kg</td><td></td></tr>
<tr><td colspan="2">체중(kg)</td><td></td><td></td><td></td><td></td><td></td><td></td><td></td><td></td></tr>
<tr><td rowspan="9">둘레
측정
(mm)</td><td>목</td><td>cm</td><td>cm</td><td>cm</td><td>cm</td><td>cm</td><td>cm</td><td>cm</td><td></td></tr>
<tr><td>가슴</td><td>cm</td><td>cm</td><td>cm</td><td>cm</td><td>cm</td><td>cm</td><td>cm</td><td></td></tr>
<tr><td>복부</td><td>cm</td><td>cm</td><td>cm</td><td>cm</td><td>cm</td><td>cm</td><td>cm</td><td></td></tr>
<tr><td>상완</td><td>cm</td><td>cm</td><td>cm</td><td>cm</td><td>cm</td><td>cm</td><td>cm</td><td></td></tr>
<tr><td>손목</td><td>cm</td><td>cm</td><td>cm</td><td>cm</td><td>cm</td><td>cm</td><td>cm</td><td></td></tr>
<tr><td>전완</td><td>cm</td><td>cm</td><td>cm</td><td>cm</td><td>cm</td><td>cm</td><td>cm</td><td></td></tr>
<tr><td>대퇴</td><td>cm</td><td>cm</td><td>cm</td><td>cm</td><td>cm</td><td>cm</td><td>cm</td><td></td></tr>
<tr><td>비복</td><td>cm</td><td>cm</td><td>cm</td><td>cm</td><td>cm</td><td>cm</td><td>cm</td><td></td></tr>
<tr><td>발목</td><td>cm</td><td>cm</td><td>cm</td><td>cm</td><td>cm</td><td>cm</td><td>cm</td><td></td></tr>
<tr><td rowspan="7">피부
두겹
측정
(mm)</td><td>가슴</td><td>cm</td><td>cm</td><td>cm</td><td>cm</td><td>cm</td><td>cm</td><td>cm</td><td></td></tr>
<tr><td>복부</td><td>cm</td><td>cm</td><td>cm</td><td>cm</td><td>cm</td><td>cm</td><td>cm</td><td></td></tr>
<tr><td>상완삼두</td><td>cm</td><td>cm</td><td>cm</td><td>cm</td><td>cm</td><td>cm</td><td>cm</td><td></td></tr>
<tr><td>상장골</td><td>cm</td><td>cm</td><td>cm</td><td>cm</td><td>cm</td><td>cm</td><td>cm</td><td></td></tr>
<tr><td>대퇴</td><td>cm</td><td>cm</td><td>cm</td><td>cm</td><td>cm</td><td>cm</td><td>cm</td><td></td></tr>
<tr><td>상완이두</td><td>cm</td><td>cm</td><td>cm</td><td>cm</td><td>cm</td><td>cm</td><td>cm</td><td></td></tr>
<tr><td>견갑하</td><td>cm</td><td>cm</td><td>cm</td><td>cm</td><td>cm</td><td>cm</td><td>cm</td><td></td></tr>
<tr><td colspan="10">종합평가</td></tr>
</table>

표 3-9. 체형관리 내역카드

고객명			관리자명			
No	Date	Treatment	체중 및 체위 변화			
			허리 허벅지 몸무게		복부 팔 체지방(%)	
			허리 허벅지 몸무게		복부 팔 체지방(%)	
			허리 허벅지 몸무게		복부 팔 체지방(%)	
			허리 허벅지 몸무게		복부 팔 체지방(%)	
			허리 허벅지 몸무게		복부 팔 체지방(%)	
			허리 허벅지 몸무게		복부 팔 체지방(%)	
			허리 허벅지 몸무게		복부 팔 체지방(%)	
기 타						

5) 고객카드 작성 시 주의사항

- 고객에 관한 주 · 객관적 내용을 빠짐없이 기재한다.
- 체형관리의 목적과 계획내용을 기재한다.
- 사용제품, 방법, 도구, 기자재 등의 사용목적 및 특성을 기재한다.
- 관리절차를 구체적이고 빠짐없이 작성한다.
- 날짜, 관리횟수, 관리자명을 기재한다.
- 관리 전 · 후 체형상태를 기재한다.
- 고객의 자각증상을 문진하여 기록한다.

4 체형관리 적용방법

학습목표

1. 체중조절을 위한 식이요법, 운동요법, 행동수정요법에 대해 알 수 있다.
2. 체형관리에 적용할 수 있는 특수요법의 원리 및 사용방법을 알 수 있다.

1. 식이요법

식이요법은 체형관리를 할 때 가장 기본이 되는 방법으로 섭취 에너지를 감소하고, 영양소의 균형을 맞추어 건강하고 아름다운 체형을 유지하기 위해 적용하는 것이다. 저칼로리의 동일한 식품만을 섭취하는 것은 영양소의 불균형과 근육감소로 인한 체력 소모를 유발하기도 한다. 또한 다이어트 후에 발생하는 요요현상을 초래하는 문제를 가져올 수 있다.

1) 체중조절을 위한 식이요법의 종류

(1) 저열량 식이요법(Low Calorie Diet : LCD)

저열량 식이요법은 하루에 보통 1200 kcal 정도를 섭취하는 것으로 다양한 체중조절 프로그램에서 흔하게 제시되고 있다. 이러한 식이요법은 일시적인 체중감소 효과는 있지만 장기적으로 체중을 조절할 때는 비타민과 미네랄 등을 충분히 보충하여 문제점을 최소화하여 실시한다.

Key - Point

1일 열량 제한 시 체중감소

* 1일 500 kcal 제한 : 1주일에 0.45 kg의 체중 감소
* 1일 1000 kcal 제한 : 1주일에 0.9 kg의 체중 감소

끼니	음식	재료	분량(g)
아침	보리밥	보리밥	140
	표고버섯 쇠고기산적	표고버섯	70
		쇠고기	40
		기름	10
	호박된장국	두부	20
		호박	35
	시금치나물	시금치	70
		참기름	2.5
	김치	배추김치	30

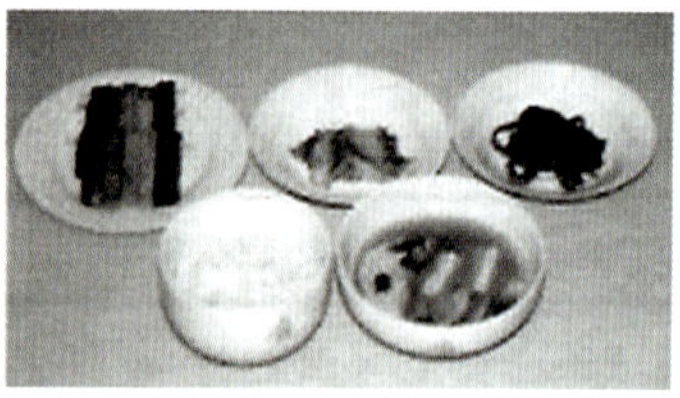

끼니	음식	재료	분량(g)
점심	현미밥	현미밥	210
	미역국	미역	10
		쇠고기	20
	조기구이	조기	75
	콩나물무침	콩나물	70
		참기름	2.5
	김치	배추김치	30

끼니	음식	재료	분량(g)
저녁	콩밥	콩밥	210
	순두부찌개	순두부	100
		달걀	25
	곤약 채소조림	곤약	50
		당근	35
	오이무침	오이, 부추	70
		참기름	2.5
	김치	배추김치	35

끼니	음식	재료	분량(g)
간식	커피	블랙커피	1잔
	우유	우유	200
	과일	귤	100

그림 4-1. 1500 kcal 식단의 예

Key - Point

비만식이요법의 5W & 1H

- When : 항상 일정한 시간에 먹고 절대로 식사를 거르지 않는다.
- Where : 음식은 반드시 식탁에서만 먹는다.
- Who : 가족이나 친구들과 함께 식사한다.
- What, Why : 무언가 먹고 싶은 경우 왜 그런 생각이 들었는지 곰곰이 생각해보고 정말 배가 고픈 것이 아니라면 과감하게 음식을 거부한다.
- How : 천천히 여유 있게 먹는다.

① 저열량 식이요법의 기본 원칙

- 6개월 이상 꾸준히 식이조절을 한다.
- 1일 총 섭취열량을 체중유지에 필요한 열량보다 500~800kcal 줄인다.
- 하루에 3회 규칙적인 식사를 한다.
- 계획한 열량 한도 내에서 식품을 골고루 섭취하는 것이 중요하다.
- 열량이 적은 식품 및 조리법을 적절히 이용한다.

(2) 초저열량 식이요법(Very Low Calorie Dite : VLCD)

초저열량 식이요법은 1일 400~800kcal의 열량을 공급하는 것으로 소비에너지에 비해 훨씬 적은 열량을 섭취함으로써, 부족한 에너지를 체지방으로부터 보충하여 단기간에 빠른 체중 감소가 이루어지도록 하는 방법이다.

표 4-1. 초저열량 식이요법의 부작용과 합병증

중추 신경계	두통, 집중력 감소
심혈관계	저혈압, 심부정맥, 심근위축
위장관계	메스꺼움, 구토, 변비, 설사, 복부 불쾌감, 담석증의 악화
비뇨생식기계	월경이상, 성욕감소, 요산결석
전 신	피곤함, 쇠약감, 어지러움증, 활력감소, 신경질, 구취, 배고픔, 전해질이상, 빈혈
피 부	건성, 탈모, 과각화, 칙칙한 피부톤, 탄력저하

표 4-2. 초저열량 식이요법의 적응대상 및 금기대상

적응대상	금기대상	상대적 금기대상
▪ 30% 이상 과체중인 사람 ▪ 통상적인 저열량 식사요법을 하여 실패한 경험이 있는 사람 ▪ 생활방식을 변화시켜 이를 적극적으로 실천하고자 하는 사람	▪ 임신부, 수유부 ▪ 65세 이상이거나 12세 미만인 경우 ▪ 통풍을 앓고 있거나 통풍의 과거력이 있는 사람 ▪ 최근 급성 심근경색증을 앓은 사람, 심부전증 앓고 있는 사람 ▪ 뇌혈관질환이 있는 사람 ▪ 단백질 소모성 약제를 투여받고 있는 사람 (예: 부신피질 스테로이드) ▪ 단백질 소모성 질환을 앓고 있는 사람 (예: 전신성 홍반성 루푸스, 쿠싱증후군) ▪ 심한 정신질환을 앓고 있는 사람 ▪ 약물중독, 알코올 중독 또는 섭식장애의 병력이 있는 사람	▪ 제1형 당뇨병이 있는 경우 ▪ 13~18세의 청소년 ▪ 전해질 이상이 있는 사람 ▪ 안정성 협심증이 있는 사람 ▪ 전신성 질환을 앓고 있는 사람(예: 암)

(3) 단 식

단식은 생명에 필요한 물과 전해질을 제외하고는 열량이 있는 음식섭취를 하지 않음으로써 체지방을 줄이고 기초대사율을 감소시켜 체중을 조절하는 방법이다. 그러나 체지방만을 소모하는 것이 아니라 근육의 손실로 인해 건강까지 해칠 수 있으므로 요구되지는 않는다.

(4) 일종 식품섭취 다이어트(one food diet)

원 푸드 다이어트는 한 가지 음식만 먹음으로써 열량을 줄인다는 다이어트 방법으로 오래 지속할수록 신체의 불균형을 초래하고 요요현상을 발생할 수 있다. 원 푸드 다이어트 식품으로 알려져 있는 것은 사과다이어트, 포도 다이어트, 다시마 다이어트, 식초콩 다이어트, 김치 다이어트, 황제 다이어트, 토마토 다이어트 등이 있다.

2) 체중조절을 위한 올바른 식이습관

체중을 조절하기 위해서는 소비에너지를 높이고, 섭취에너지를 감소하는 것이 가장 기본이 되는 것이다. 섭취에너지를 감소하는데 있어 균형있는 영양소의 섭취와 올바른 식이습관을 갖는 것이 중요함으로 다음과 같은 점에 유의하여 실천하도록 한다.

- 1일 3식, 식사시간은 규칙적, 음식은 골고루 섭취
- 식사는 천천히 꼭꼭 씹어서 먹음
- 자극적, 기름진 음식, 인스턴트 음식, 후식 등의 단음식 섭취를 줄임
- 간식, 야식, 외식, 폭식에 주의
- 섬유소, 수분은 충분하게 섭취
- 식사요법은 지속적으로 실천

Key - Point

영양상태 판정방법

- 신체계측에 의한 판정
  신장, 체중, 신체둘레, 피하지방 두께 측정 등을 판정한다.
- 생화학적 상태판정
  생화학적 검사치는 신체 계측에 의한 방법보다 영양 상태를 조기에 판정하여 과학적인 자료를 제공함으로 영양처방의 중요한 근거가 될 수 있는 지표가 된다.
- 임상적 상태판정
  신체의 외적으로 발현되는 임상적인 증상을 말한다.
- 식이조사 판정
  영양섭취 상태를 점검하여 영양적인 문제를 예측할 수 있다.
  ex) 24시간 회상법, 식사기록법(식사일지), 식품섭취빈도조사법

(1) 식사일기 작성의 예

- 체중감소가 일어나기 위해서는 필요 열량 요구량보다 적게 섭취해야 한다.
- 영양결핍이 발생되지 않도록 영양소를 골고루 섭취한다.
- 장기간 실천할 수 있는 것이어야 한다.
- 개인의 성향, 식습관 순응도를 고려하여 시행하여야 한다.

표 4-3. 식사일기 작성의 예

식사	종류	시간	장소	메모	칼로리
아침	모닝빵 2개 우유 1컵	8:30	집	신문 보며	200
점심	쌀밥 1공기 오징어 볶음 1인분 깻잎나물 1접시 멸치볶음 1/3접시	12:30	식당	동료들과	300 150 55 30
저녁	물냉면 1대접	7:30	집	TV 보며	400
간식	초코칩 2개 밀크커피 1잔	5:00	휴게실	약간우울	150 50

운동내용	운동한 시간	칼로리 소모량	운동상황
걷기	30분	91/9	공기가 차가움

운동의 종류	활동량
가벼운 운동	중간정도의 활동
심한 활동	0
수면 시간	저녁 11시부터 아침 6 : 30까지 7 : 30
배 변	0

2. 운동요법

운동요법은 섭취에너지보다 소비에너지를 증가시켜 체지방을 감소시키는 방법으로 체중 감소 및 체력을 향상시켜 건강을 증진·유지하기 위해 적용하는 것이다.

1) 체중조절을 위한 운동의 효과

- 에너지를 소모하여 대사기능 향상
- 체지방 감소
- 식욕 억제
- 요요현상 예방
- 스트레스를 해소시켜 심리적 안정감과 자신감 증진
- 순환기능 향상

2) 기초대사율(Basal Metabolic Rate : BMR)

기초대사율은 인체가 생명현상을 유지하기 위해 무의식적으로 일어나는 불수의적 활동의 대사 작용에 필요한 열량을 의미한다. 즉, 하루에 소모되는 총 열량 중 가장 큰 비중을 차지하는데 60~70% 정도에 해당하며, 신체의 크기, 체 구성 성분, 나이, 성별, 건강상태, 기후, 수면, 두뇌활동에 따라 다르게 나타날 수 있다.

(1) 영양소 필요량 산정

① 칼로리 필요량 산정 : Harris-Benedict 공식

- 남자의 경우

  기초에너지 소모량(BEE) = 66.4 + 13.7(현재체중) + 5.0(신장) − 6.8(나이)

- 여자의 경우

  기초에너지 소모량(BEE) = 65.5 + 9.6(현재체중) + 1.8(신장) − 4.7(나이)

② 1일 필요 칼로리(kcal)

1일 필요 칼로리 = 표준 체중 × 체중 1kg당 필요 칼로리

1일 권장 칼로리 = 기초대사량 + 활동대사량 + 식품 이용에 필요한 에너지

표 4-4. 활동정도에 따른 체중 1Kg당 필요 칼로리

활동 정도	필요 칼로리
· 가벼운 활동을 하는 사람	25~30kcal
· 중간 활동을 하는 사람	30~35kcal
· 심한 활동을 하는 사람	35~40kcal

Key - Point

운동요법의 효과

- 소비열량의 증가에 의한 체중감소
- 근육량 증가에 의한 기초대사량 증가 및 비만 예방
- 심폐기능 호전에 의한 운동능력 증가
- HDL-콜레스테롤 증가에 의한 동맥경화증 예방
- 혈당 조절

3) 운동처방의 요소

(1) 운동의 종류

① 유산소 운동

유산소 운동은 저 강도의 지속적인 운동으로 에너지원인 글리코겐과 지방을 연소시키는 원리로 적용되며, 체지방 소모에 가장 효과적인 방법으로 누구나 쉽게 할 수 있는 운동이다. 그 예로는 약간 빠르게 걷기, 천천히 등산하기, 자전거 타기 등이 있다.

② 무산소 운동

무산소 운동은 무산소 대사과정을 통하여 운동에 필요한 에너지 공급을 받으며 여기에는 100m 전력 질주, 역도, 웨이트트레이닝, 유도 등이 있다.

(2) 운동의 강도

운동 강도는 심폐기능에 부담이 되지 않는 범위 내에서 안정성이 있어야 하며, 충분한 자극을 주도록 유효성이 있어야 한다. 보통 최대 산소 섭취량(VO_2 max) 또는 최대 심박수(maximal heart rate)를 기준으로 운동 강도를 결정한다. 대략 최대산소섭취량의 55~80%, 최대 심박수의 60~ 85%가 효과적이다.

- 심박수(최고 심박수의 75% 강도)
- 최고 심박수 = 220-age
- 목표 심박수(최고심박수의 75%일 경우)=(220-age)×0.75

표 4-5. 체중 감량을 위한 운동의 종류

고충격 운동	조깅, 달리기, 줄넘기
저충격 운동	수영, 자전거타기, 걷기, 노젓기
심박수 변화가 거의 없는 운동	걷기, 조깅, 자전거타기, 스케이팅
운동의 강도가 일정하지 않는 운동	에어로빅, 하이킹, 핸드볼, 라켇볼
신제 섭족늘 포함한 운농	수영, 배드민턴, 탁구, 골프, 총쏘기

Key - Point

유산소 운동의 효과

- 혈액순환을 좋게 한다.
- 피로를 줄이고 심폐 · 지구력을 향상시킨다.
- 근육, 골격, 인대를 강하게 한다.
- 유연성과 민첩성이 향상된다.
- 정신력을 강하게 단련시켜 준다.
- 면역기능을 강화시켜서 질병에 대한 저항력을 증가시킨다.

(3) 운동의 빈도

운동 빈도는 대상자의 운동능력, 관심정도, 관리목적에 따라 결정해야 하며, 운동을 매일 하는 것은 피로를 유발하고, 흥미를 잃게 할 수 있다. 체중감소를 목적으로 하는 경우, 1주일에 3~5회 정도를 실시하는 것을 권유한다.

(4) 운동의 시간

운동시간은 운동을 처음으로 시작하는 경우에는 1회 30분 정도만 실시하고, 2주 간격으로 운동을 점차적으로 늘려 40~60분 정도 하는 것이 바람직하다.

4) 필요 운동량 계산법

필요한 운동량은 목표수준에서 현재 운동량을 제하면 필요한 운동량을 계획할 수 있다.

- 필요한 운동 = 목표수준 – 현재의 운동량

표 4-6. 운동의 강도에 따른 에너지 소모량

운동 강도	80 kcal에 해당하는 시간	에너지 소모량
아주 가벼운 운동	30분 지속	걷기 / 취사 / 장보기 / 화단정리 세탁, 청소 0.03~0.05 kcal
가벼운 운동	20분 정도	보행 / 목욕 / 계단내려오기 / 자전거(평지) 0.06–0.1 kcal
중정도 운동	10분 정도	가벼운 조깅 / 계단오르기 / 자전거(언덕) / 배구 / 등산 0.13~0.15 kcal
고강도 운동	5분 정도	마라톤 / 줄넘기 / 농구 / 수영 / 럭비 / 검도 0.19~0.29 kcal

표 4-7. 100 kcal 소모하는 운동종류/시간

운동종류	운동조건	40~49kg	50~59kg	60~69kg	70~79kg
걷기	시속 4 km 6 km	44분 35분	36분 28분	31분 23분	27분 20분
조깅	시속 8 km 11 km	16분 12분	13분 10분	11분 8분	10분 7분
수영	분속 20 km 30 km 40 km	22분 15분 11분	18분 12분 9분	15분 10분 8분	13분 9분 7분
골프	연습장	66분	54분	46분	40분
테니스	복식	22분	18분	15분	13분

5) 운동교환표

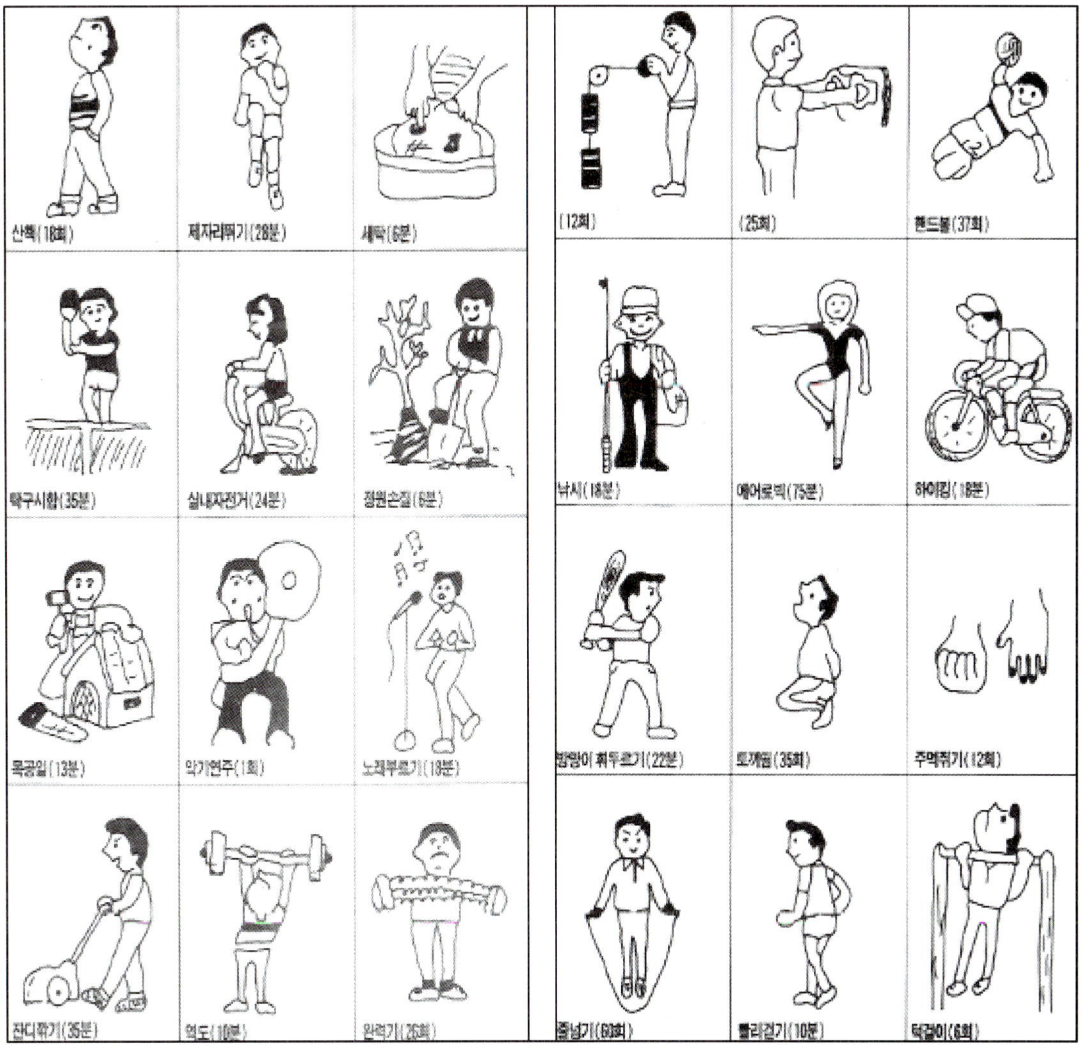

그림 4-2. 운동교환표

Key - Point

일상생활에서 에너지 소비를 증가시키는 방법

- 누워 있는 대신 앉아 있기
- 앉아 있는 대신 서 있기
- 운전하는 대신 걷기
- 엘리베이터 타는 대신 걷기
- 웅크리거나 구부리는 대신 스트레칭하기
- 저녁식사 후 산책하는 습관 기르기

6) 올바른 체중조절 계획 및 실행

적절한 목표 체중을 설정 - 구체적, 현실성

⇩

적절한 운동요법을 계획/운동진행표를 작성
(운동의 종류/강도/지속시간/빈도)

⇩

운동프로그램 실행

⇩

적절한 식이요법과 행동수정요법을 병행

⇩

평가(기초체력 측정 및 평가)

3. 행동수정요법

과체중 및 비만은 에너지의 불균형이 원인이 되지만, 잘못된 습관 등에 의해 체중이 증가하거나 비만이 유발될 수 있다. 따라서 생활습관 및 식이, 운동습관 등의 올바른 행동수정을 통해 비만을 예방하고 개선할 수 있다.

1) 행동수정요법의 단계

자극 조절 ➡ 자가 관찰 ➡ 강화기법(포상제도) ➡ 인식 재구성

⇧

자기 감시

① 자기감시

- 다이어트 일기 작성하기
- 생활습관 관찰하기
- 식이습관 관찰하기
- 운동습관 관찰하기

② 자극조절

(1) 식품구매	(2) 계획	(3) 활동
▪ 배부른 상태에서 구매 ▪ 충동구매 억제 (구매목록 작성) ▪ 냉동식품, 인스턴트 식품 사절	▪ 필요한 만큼만 먹도록 계획하기 ▪ 간식 먹는 시간에 운동하기 ▪ 하루세끼 식사 거르지 않기	▪ 충동적으로 먹게 되지 않도록 음식을 눈에 띄지 않는 곳에 치우기 ▪ 냄비를 식탁에 올려놓지 않기 ▪ 작은 크기의 그릇을 이용하기 ▪ 남은 음식 먹지 않기

③ 강화기법(포상제도)

- 체중변화가 아니라 행동변화에 대해 상을 준다.
- 행동에 대해 음식으로 상을 주지 않는다.
- 돈이나 옷과 같은 유형으로 상을 준다.

④ 인지 재구성

가. 행동제약

- 분명히 정의된 행동 목표를 정한다.
- 실현가능한 목표를 세운다.
- 최종목표를 달성하기 위해 점진적으로 습관을 변화시킨다.

나. 사회적지지

- 지지하는 협력자를 고른다.
- 구체적으로 요청한다.

4. 체형관리에 적용되는 특수요법

1) 수 요법(스파 요법 : spa therapy ; hydro therapy)

(1) 개 요

스파요법은 물을 이용한 치료요법으로 그 기원은 광천온수로 유명한 벨기에의 리게 근처의 작은 마을 스파우(spau)에서 시작되었으며, 치료와 관련된 연구는 1950년대부터 유럽을 중심으로 이루어졌다.

유럽의 스파 형태는 휴양과 치료를 목적으로 하며, 미국의 경우에는 운동과, 건강, 미용 등 생활 속에서 접할 수 있는 건강에 중점을 두고 있다. 오늘날 스파요법은 물의 다양한 수압과 수류를 적용하여 비만 및 스트레스 해소 등의 광범위한 목적으로 사용되고 있다.

(2) 스파의 효과

체형관리에 적용하는 스파는 발한, 노폐물 배출, 혈액순환 촉진하는 효과를 가지고 있으며, 구체적 효과는 다음과 같다.

- 발한 작용
- 노폐물 및 독소 배출
- 혈액순환 촉진
- 셀룰라이트 감소
- 수압에 의한 마사지 효과
- 체중 감소
- 피부안색 정화 및 통증 경감
- 스트레스 해소 및 긴장완화

(3) 스파시설의 유형

① 메디칼 스파(medical spa)

메디칼 스파는 휴식과 통증치료를 목적으로 시행하는 보조요법으로 의사의 처방에 따라 시행되며, 의료진과 스파 전문가 등으로 구성이 되어 종합적인 의료 및 건강서비스를 제공하는 것이다.

② 클럽스파(club spa)

클럽스파는 체력 단련을 목적으로 전문적이고 다양한 스파시설을 제공하는 것이다.

③ 데이 스파(day spa)

데이 스파는 아침과 낮 시간 동안 미용, 건강, 휴식을 목적으로 프로그램을 제공하는 것이다.

④ 미네랄 온천 스파(mineral spa)

미네랄 온천 스파는 천연 광천수, 해수 등을 이용한 하이드로 테라피의 기본 형태이다.

⑤ 리조트 스파(resort spa)

리조트 스파는 스트레스 해소 및 레저를 목적으로 자연환경과 하이드로테라피를 연계하여 프로그램을 제공하는 것이다.

그림 4-3. 스파의 종류

(4) 방법에 따른 스파의 종류

① 테피다리움(tepidarium)

테피다리움은 열을 이용한 로마식의 열 목욕방법으로 약 37~39℃ 정도의 중간 온도를 이용한다.

② 라코니움(laconium)

라코니움은 건식 방법으로 온도는 약 60~65℃, 습도는 15~20%의 환경에서 실시한다. 라코니움은 샤워 후 15분 정도 경과한 뒤 이용하여야 하고, 탈수의 우려가 있으므로 주의를 기울여야 한다.

③ 칼다리움/아로마 베스(caldarium/aroma bath)

칼다리움은 스팀을 이용한 방법으로 온도는 약 42~45℃, 높은 습도를 유지한다. 또한 로즈, 쟈스민, 유칼립투스와 같은 에센셜 오일을 사용하여 아로마테라피(aromatherapy)의 효과와 복합적으로 적용한다.

④ 사나리움(sanarium)

사나리움은 사우나와 유사한 방법으로 습도를 높게 하며, 온도는 낮게 적용한다.

⑤ 함만(hamman)

함만은 뜨거운 돌을 이용한 터키, 중동식의 방법으로 높은 습도와 60~80℃의 복사열의 온도를 이용한다.

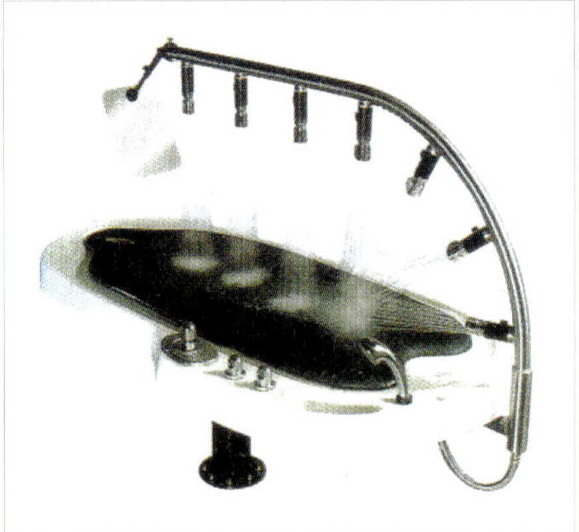

비쉬샤워(vichy shower) 1

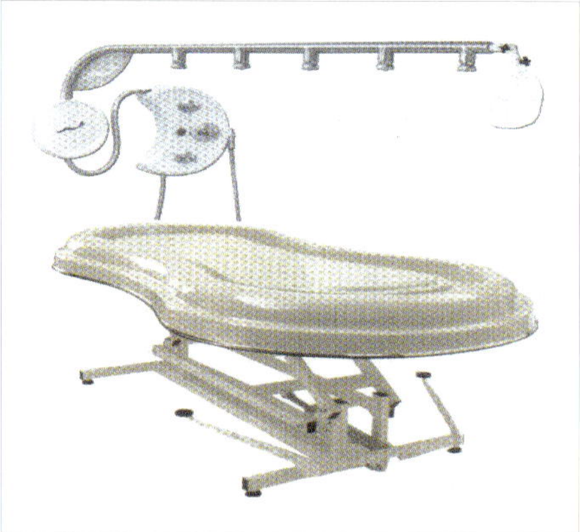

비쉬샤워(vichy shower) 2

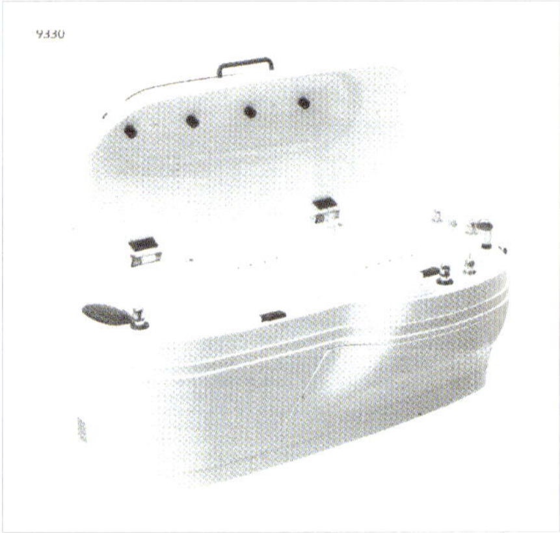

aromatherm capsule

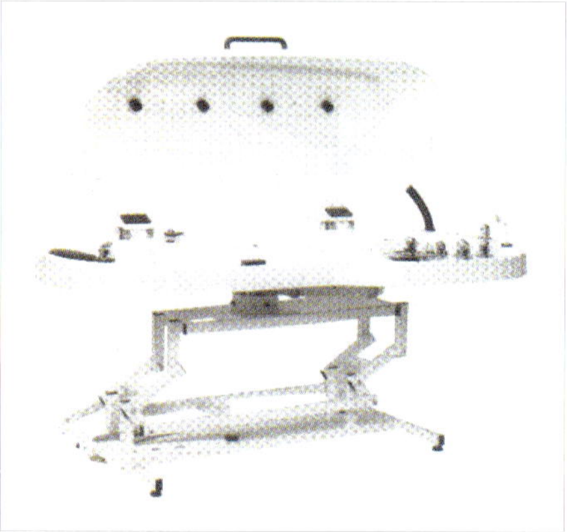

aromatherm 3-in-1

hydro therapy 1

hydro therapy 2

그림 4-4. 스파 욕조의 종류

Key - Point

스파를 피해야 할 경우

- 임산부
- 당뇨병 환자
- 고 · 저혈압 환자
- 심혈관계 환자
- 감염성 질환자

2) 방향요법(아로마 요법 : aroma therapy)

(1) 개 요

아로마테라피는 방향요법으로 식물의 줄기, 뿌리, 꽃, 잎 등에서 추출한 에센셜 오일을 사용해 치유하는 자연요법이다. 이러한 후각요법의 적용은 피부, 신체, 체중감량, 심리적 부분까지 광범위하게 사용되고 있다.

(2) 에센셜 오일의 효능

- 항균작용
- 생리 및 약리작용
- 방향작용
- 심리적 안정 및 집중력 강화
- 체중감량 효과

(3) 향의 휘발도에 따른 분류

표 4-8. 향의 휘발도에 따른 분류

구분	추출부위	특 성	에센셜 오일의 종류
Top	꽃, 잎사귀, 과일	예민, 통찰력, 극단적, 차갑거나 뜨거움, 휘발성이 강함	버가못, 페티그라인, 네롤리, 레몬, 라임, 오렌지, 레몬 그라스, 페퍼민트, 티미, 시나몬
Middle	잎사귀, 허브	따뜻하고 부드러움	로즈우드, 제라늄, 라벤다, 카모마일, 마조람, 팔마로사, 히숍, 카다몬, 코리안더, 진저, 파인
Base	나무, 나무의 진	따뜻함, 진하고 휘발도 낮음	벤조인, 클레이세지, 페촐리, 미르, 프랑킨센스, 샌달우드, 시더우드, 베티버

(4) 향의 종류에 따른 분류

표 4-9. 향의 종류에 따른 분류

향의 종류	부향	에센셜 오일의 종류
플로랄 (Floral)	꽃	로즈, 네롤리, 자스민, 일랑일랑, 튜버로즈, 미모사, 제라늄, 라벤더, 팔마로사, 버가못, 페티트그레인
프루티 (Fruity)	과일	오렌지, 탄저린, 레몬, 라임, 그레프 프릇, 버가못, 블루 카모마일, 페티그란
그린 (Green)	녹색	페퍼민트, 스피아민트, 라임, 레몬, 페티트그레인, 시트로렐라, 진저, 레몬글라스, 버가못, 멜리사
허벌 (Herbal)	약초	바질, 올 세이지스, 히솝, 라벤더, 마조람, 로즈마리, 레몬, 티미, 엔젤리카, 카다몬, 올 카모마일, 코리안더, 진저, 팔마로사
발사믹 (Balsamic)	발사믹향	유칼립투스, 카제풋, 티트리, 싸이프러스, 로즈마리, 주니퍼, 파인
스파이시 (Spicy)	매운 향	클로버, 베이, 시나몬, 페퍼, 바질, 오르가노, 레드 티미
우디 (Woody)	나무 향	시더우드, 샌달우드, 사이프러스, 주니퍼, 프랑켄센스
무스티/얼씨 (Must/ earthy)	곰팡이, 흙 향	클레이세지, 프랑켄센스, 미르라, 머거트, 페츌리, 안젤리카
스윗 (Sweet)	달콤한 향	마조람, 로즈우드, 카다몬, 코리안더, 텐저린, 바닐라, 페루발삼, 벤조인
아니스-Y (Anise-Y)	아니스 향	바질, 코리안더, 펜넬, 텐저린, 아니스드
바닐라 (Vanilla-Y)	바닐라 향	바닐라, 벤조인, 페루발삼

(5) 브랜딩을 위한 베이스(케리어) 오일

아로마테라피를 적용 시 캐리어 오일 또는 베이스 오일을 섞어 사용하게 된다. 이 오일들은 기본적으로 무향이고, 피부에 친화력이 좋아야 하며, 증상 및 피부 타입에 맞게 선택하여 목적에 따라 두, 세 가지 혼합하여 사용한다.

표 4-10. 캐리어 오일에 따른 분류

오일 종류	특 징	효 과
Apricot kemel	살구씨에서 추출, 미네랄과 Vit A 함유, 피부 통증완화	어린이 피부, 노화 피부, 튼살, 피부 탄력유지, 혈액순환 촉진
Sunflower Seed	나무 열매 향, 가벼운 감촉, 황금빛 또는 노란색 오일, 미네랄, 필수지방산, Vit E 함유	모든 피부 타입
Calendula	가벼운 촉감	모든 피부 타입에 적절, 세포재생, 상처, 반흔, 화상, 부종, 상처 치유
Olive	Extra-Virgin, Cold-Pressed oil이 효과, 단백질, mineral, 필수 지방산이 풍부	탈수 피부, 튼살, 반흔 예방, 천연 자외선 차단역할, 모발 영향제로 사용
Hypericum	낮은 점도, 짙은 붉은 색, 민감도 유발 가능, 신경 진정 성질	항염증성, 신경장애
Avocado	아보카도 열매에서 추출, 식용으로도 가능, Vit A, B, E, 미네랄, 단백질, 레시틴 및 필수 지방산이 풍부, 높은 점도	탄력저하 피부, 건조 피부관리
Rose Hip Seed	밝은 노란색, Vitamin이 풍부, Linoleic acid는 35%, Gamma-Linoleic acid는 44% 함유	세포재생, 습진, 건선, 생리증후군, 폐경기 문제 해소
Grape-seed	포도씨에서 추출, 무향, 단백질, Vitamin, 미네랄 함유, 뛰어난 흡수력	지성, 여드름 피부관리
Hazelnut	헤이즐럿 나무에서 추출, Vit E함유, 얼굴 마사지 사용 시 용이	모공 축소, 여드름 예방, 피지조절
Jojoba	호호바 열매에서 추출, 고 흡습성, 단백질, 미네랄 함유, 보습, 유화의 성질	피지과다, 지성피부 및 모든 피부에 적합, 모발 영양제, 천연 자외선차단
Sesame	참깨를 저온 냉각, Vitamin, Minenal, Lecitin 함유, 선탠 전·후 마사지용 오일로 사용, 항산화제 역할	자외선 차단
Sweet Almond	단백질, Vitamin, Minenal 함유, 신성화 된 피부의 pH를 중화, 보관 일시 짧음	건소 피부, 탄력 저하, 염증완화

Key - Point

아로마테라피 주의사항

- 정유는 반드시 희석을 해서 사용한다.
- 6개월 미만의 영아에게는 정유사용을 금한다.
- 임산부, 간질환 환자는 피한다.
- 예민한 부위에 사용을 금한다.
- 사용 후 자외선 노출을 금한다.

3) 색상요법(컬러 테라피 : color therapy)

(1) 개 요

컬러 테라피(color therapy)는 빛의 파장에 따라 나타나는 색을 이용한 방법으로 심신의 안정 및 근육이완 효과를 갖는다. 컬러 테라피는 크로모테라피라고도 하는데, 빛의 파장에 따라 빨강, 주황, 노랑, 녹색, 파랑, 남색, 보라로 분리된다. 또한 색상이 갖고 있는 고유한 특징만을 이용한 색상요법이 다양하게 제시되고 있으며, 시각작용, 비만관리, 심리적 이완 등을 개선하기 위해 사용되고 있다.

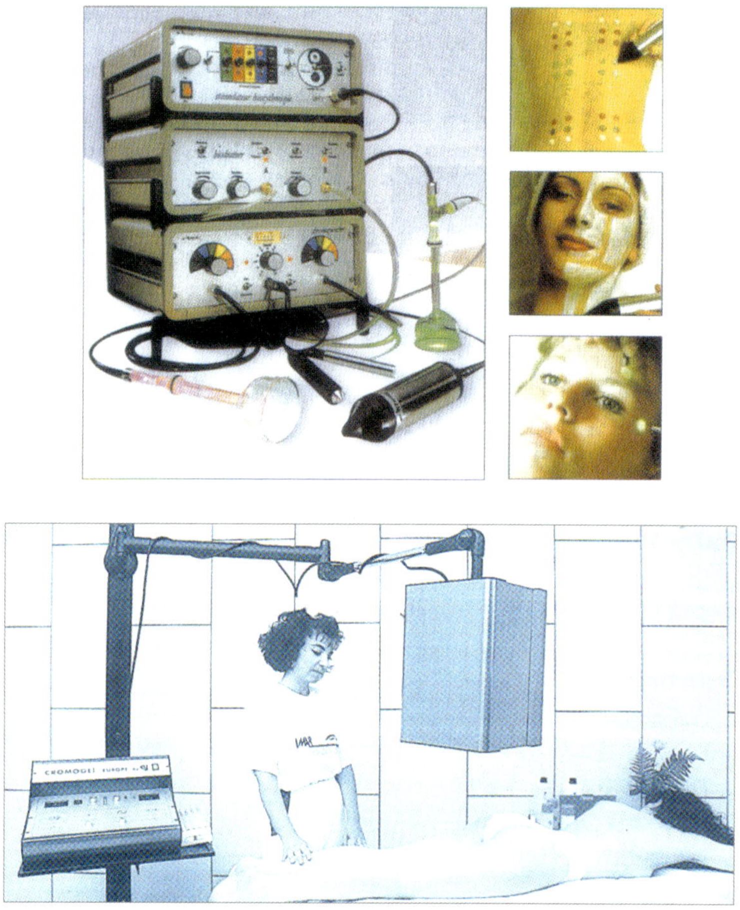

그림 4-5. 컬러 테라피 기기의 종류

(2) 효 과

빛과 색은 각기 다른 효과와 특징을 가지고 있으며, 빛의 파장, 빛의 세기, 색깔에 따른 효과를 적절하게 선택하여 빛의 에너지를 이용한 치료효과를 얻을 수 있다.

Key - Point

빛의 파장

- 단위 : 옹스트롱(1Å=0.00000001㎝)=1㎚
- 빛의 파장은 1억분의 1㎝에 해당하는 1Å의 단위로 나타내거나 혹은 나노미터(㎚)의 단위로 나타낸다.

① 색의 효과

- 빨강 : 빨강은 주로 심장을 강화시키고 에너지, 생명력, 혈액, 힘과 같은 개념을 가지고 있으며, 이는 혈액순환을 촉진시켜 셀룰라이트 관리에 효과적이다.
- 보라 : 보라는 주로 림프 순환을 촉진시키고, 식욕조절 효과가 있어 셀룰라이트 관리에 효과적이다.
- 주황 : 주황은 세포재생 기능과 신체의 기능을 정상화 시키고 신경 이완, 각종 분비선 활동과 기능을 조절하는 역할로 튼살, 주름, 건성 피부, 노화 및 호르몬의 이상으로 인한 문제성 피부 관리에 효과적이다.
- 노랑 : 노랑은 위를 튼튼하게 하며, 운동신경을 원활하게 하고, 에너지를 생성하여 정화작용을 한다. 콜라겐과 엘라스틴의 활성에 도움을 주고 튼살, 노화 등 전반적인 피부 상태의 개선 및 수술 후 회복에 효과적이다.
- 녹색 : 녹색은 안정된 색으로 정화와 편안함을 느끼게 하며 스트레스나 피로 회복에 도움을 준다. 기미, 스트레스로 인한 여드름, 비만, 사춘기 호르몬 이상 분비에 효과적이다.
- 파랑 : 파랑은 정적인 색으로 비장을 강화하게 하고, 과민증상이나 우울증 치료에 도움이 된다. 염증이나 열을 진정시켜 지성피부, 피부염증을 유발하는 여드름, 모세혈관 확장증 등에 효과적이다.
- 남색 : 남색은 혈액 정화 작용 및 호흡기의 기능을 증진시켜 코, 목, 기관지 등 호흡기 질환의 회복에 효과적이다.

(3) 적용대상

- 셀룰라이트
- 여드름
- 모세혈관 확장
- 임신선
- 아토피성 피부
- 지루성 피부염

표 4-11. 색상에 따른 이미지 효과

색 상	색상의 이미지	빛의 파장(㎚)	빛의 이미지	치료효과
빨 강 (Red)	정열	600~700	힘, 에너지, 상냥함, 관대함, 번영, 감사	혈액순환 촉진, 세포재생, 온열효과, 셀룰라이트 개선, 신진대사 촉진, 지루성 피부염 관리
주 황 (Orange)	식욕	590~600	건강, 활력, 창의력, 기쁨, 자신감, 용기, 낙천성	혈액순환 촉진, 신경계와 호흡기계 영향, 튼살 관리, 건성 및 문제성 피부 관리, 생리통, 변비 해결, 알레르기, 민감성피부 개선
노 랑 (Yellow)	청순	580~590	희망, 화사함, 밝음, 명랑, 쾌활	순환작용, 슬리밍과 튼살 관리, 수술 후 회복관리, 노화예방
녹 색 (Green)	평화	500~550	나눔, 적응력, 베품, 관용, 협력	세포회복 및 균형, 근육, 피부조직, 세포조직 형성, 유해산소 및 물질 제거, 혈액순환, 신경계 진정작용, 모세혈관 확장증, 지성 및 염증성 여드름 관리, 살균 작용, 긴장완화
파 랑 (Blue)	젊음	470~500	평화, 긴장이완, 믿음	긴장완화, 신경 진정, 생리통, 생리 불순 증상완화, 모세혈관 확장증, 염증과 열 진정효과, 부종완화
청 록 (Turquoise)	상쾌	450~480	상쾌함, 활력, 행복, 승리	상처진정, 화상상처, 여드름, 습진, 만성피부병, 정신적 스트레스 해소, 림프절 자극, 림프순환 촉진, 부종 완화, 면역체계의 영향,
보 라 (Violet)	공포	420~460	품위, 고상, 예술적 기교, 끈기, 신중함, 현실적 이상주의	정서불안정, 호르몬 활동 원할, 모세혈관 확장증, 화농성 여드름, 색소관리, 전신 셀룰라이트, 슬리밍 관리

4) 스톤 테라피(stone therapy)

(1) 개 요

스톤 테라피는 온도 유지력이 높은 현무암 등의 스톤을 이용한 방법으로 무게와 모양, 촉감, 원적외선의 열 · 냉을 이용한 효과를 갖는다.

물, 불, 공기, 흙 등의 자연의 에너지가 응축된 돌을 이용한 관리법으로 육체적, 정신적 균형을 창조한다.

(2) 스톤 테라피의 효과

- 혈액순환 촉진
- 온열작용
- 진정작용
- 심리적 이완작용
- 기 · 혈 순환 촉진

(3) 스톤 종류에 따른 효과

① 바솔트 스톤(basalt stone)

바솔트 스톤은 철과 미네랄이 풍부하게 함유된 현무암으로 짙은 회색, 진녹색, 진홍색, 검은색 스톤이 있다. 웜 스톤(warm stone : 온열요법)의 효과는 따뜻한 돌을 사용하여 피부표면의 온도 상승 및 발열, 발한 작용을 함으로써 혈액순환 촉진 및 노폐물 배출을 유도할 수 있다.

② 마블 스톤(marble stone)

마블스톤은 유기물질이 풍부하게 함유된 대리석으로 방해석과 석회암으로 만들어졌다. 쿨 스톤(cool stone : 냉요법)은 주로 피부진정 및 부종완화를 목적으로 사용된다. 또한 따뜻한 돌을 사용한 후에 적용하면, 일시적으로 열의 발생을 높여 혈액순환 촉진을 유도할 수 있다.

참 고

피부표면의 온도 변화

피부의 감각 수용기는 외부에서 가해지는 열과 냉을 감지하게 되면 신경전달물질을 분비하게 되고, 중추신경계의 반사적 작용으로 신체의 항상성을 유지하게 된다. 즉, 피부가 급격한 냉온의 자극에 노출되었을 때 일시적으로 피부의 온도는 상승하거나 저하되어 발열감이 발생된다.

(4) 스톤 테라피 관리 과정

① 스톤 테라피의 절차

에너지 패턴 열기(챠크라)

⇩

에너지 연결 동작

⇩

스톤을 몸에 맞는 배치

⇩

스톤의 온도를 이용한 몸에 적절한 적용방법

⇩

척추의 나선형

⇩

에너지 패턴 닫기

⇩

스톤 고르기

⇩

버드 테크닉

⇩

고객의 몸 상태에 따라 적절한 온도 처방 방법

그림 4-6. 스톤의 종류

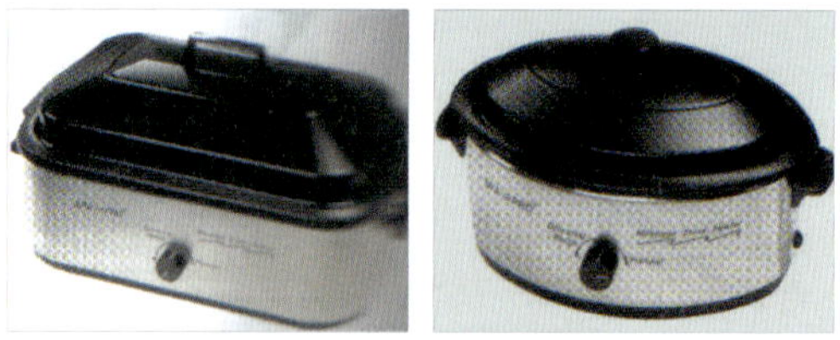

그림 4-7. 스톤 워머기

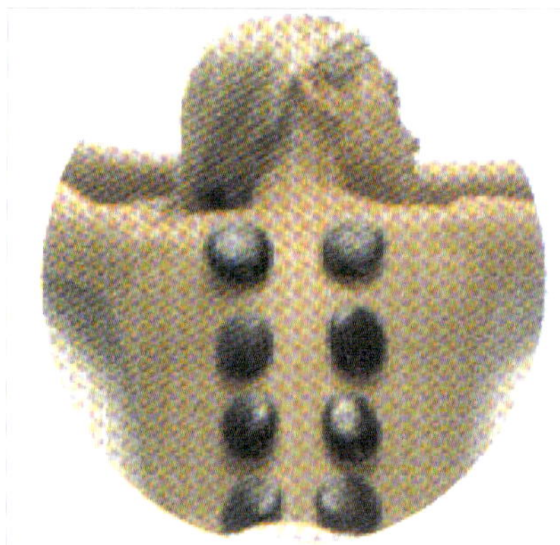

그림 4-8. 스톤 테라피

② 스톤 테라피의 방법

- 버드 테크닉 : 혈액을 유도하는 과정으로 극과 극의 온도 차이는 몸, 정신, 신경계에 긴장감과 자극을 주는 방법이다.
- 피에조의 전기 효과 : 피에조의 전기 효과는 두 개의 석영, 수정을 마주쳐서 리듬감 있는 소리의 파장 및 진동을 이용하여 근육, 뼈, 신경계에 침투되어 몸속이나 몸위에 전기의 발산을 만들어 내는 것이다.

- 전도성 열전달 : 스톤을 몸에 고정시켰을 때 발생하게 되는데, 챠크라배열, 척추배열, 스톤 밀어넣기 등 몸의 일정부위에 열에너지가 전달되도록 한다.
- 척추의 나선형 테크닉 : 수면장애, 스트레스 해소에 좋은 방법으로 척추에서 뻗어나가는 신경들을 따라 원을 그리며 온도를 적용하지 않고 진정시킬 수 있는 가장 좋은 방법이다.

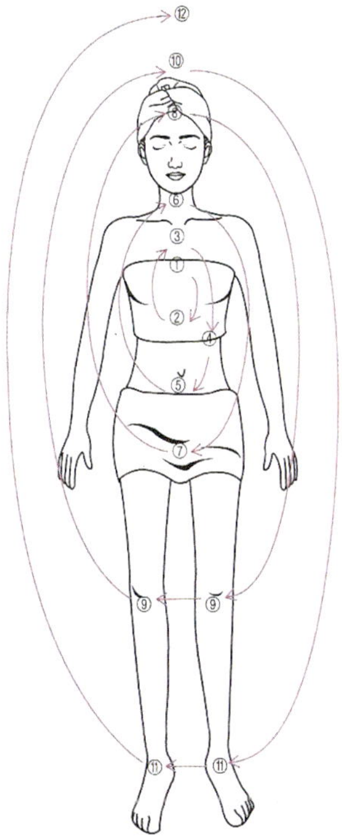

1. 심장
2. 태양총
3. 심장위
4. 비장
5. 천골
6. 목
7. 뿌리
8. 제삼안
9. 무릎
10. 정수리
11. 발
12. 초월점

그림 4-9. 나선형의 패턴 열기

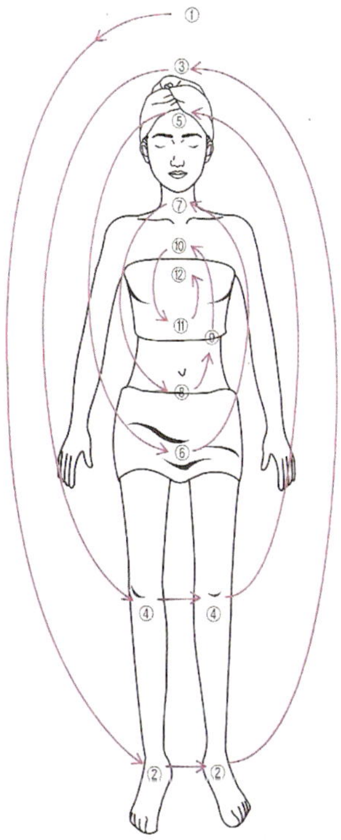

1. 초월점
2. 발
3. 정수리
4. 무릎
5. 제삼안
6. 뿌리
7. 목
8. 천골
9. 비장
10. 심장위
11. 태양총
12. 심장

그림 4-10. 나선형 패턴 닫기

5) 아유르베다(ayurveda)

(1) 개 요

아유르베다는 인간의 신체, 마음, 영혼이 하나라는 원리를 바탕으로 신체의 건강함은 물론 정서적 안정과 정신적인 편안함을 추구하고자 하는 인도의학의 분야이다.

아유르베다 요법은 마사지(massage), 입욕(baths), 세정(washes)의 방법이 체질에 따라 적용된다.

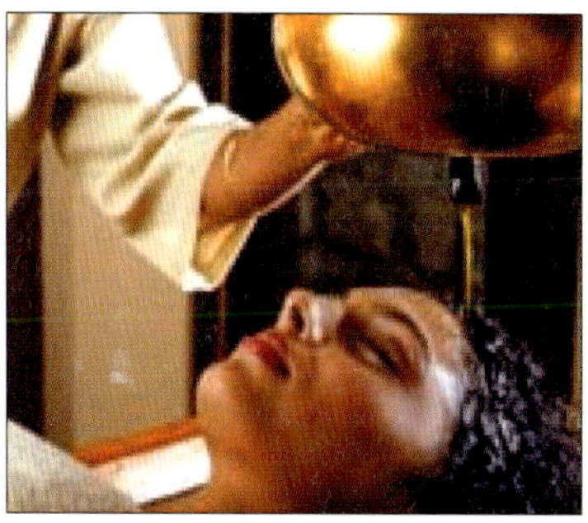

그림 4-11. 아유르베다

(2) 효 과

아유르베다 효과는 각 개인의 체질에 적합한 식이요법, 생활습관, 운동, 마사지를 포함한 여러 가지 요법을 실시함으로써 신체, 마음, 영혼의 균형을 조절하여 건강을 회복, 예방, 증진하는 것이다.

(3) 아유르베다의 다섯 가지 기본 이론

- 흙(earth) : 흙이란 물질의 철학적인 상태로 표면적인 성질은 크고 단단하며 무거운 것을 상징하며 나타내는 성질은 냄새이다.
- 물(water) : 물이란 요소는 물질의 흐르는 상태인 액체로 생각할 수 있으며, 표면적인 성질은 유동성이며 나타내는 성질은 맛이다.
- 불(fire) : 불은 신체 깊숙한 내면의 에너지이며 나타내는 성질은 빛이다.
- 공기(air) : 공기는 가스(기체) 상태로 외면적인 성질은 가볍고 움직이는 특성을 갖고 있으며, 나타내는 성질은 촉감이다.
- 공간(ether space) : 공간은 눈에 보이지 않는 무형적인 공간을 말하며, 나타내는 성질은 소리이다.

(4) 신체의 7가지 구성요소

- 라사(rasa) : 액체 상태의 혈액과 림프를 동화
- 락타(raktha) : 혈액내 효소 및 호르몬
- 맘사(mamsa) : 근육, 건, 인대
- 메다(meda) : 지방
- 아스티(asthi) : 골격계
- 마쟈(majja) : 골수
- 슈크라(sukla) : 재생산적인 체액

(5) 5가지 우주 요소와 6가지 맛

- 흙(earth) + 물(water) = 단맛(sweet)
- 흙(earth) + 불(fire) = 신맛(sour)
- 물(water) + 불(fire) = 짠맛(salty)
- 공기(air) + 공간(ether space) = 쓴맛(bitter)
- 불(fire) + 공기(air) = 향신료 맛(spicy)
- 흙(earth) + 공기(air) = 떫은 맛(astringent)

(6) 5가지 우주 요소와 3가지 체질(Tri-Dosha)의 관계

- 흙(earth) + 물(water) = kapha
- 물(water) + 불(fire) = pitta
- 공기(air) + 공간(ether space) = vata

(7) 체질의 종류

- kapha 체질 : kapha 체질은 여성형(pygniker)으로 과체중과 비만이 유발되기 쉬운 비만체형이다.
- pitta 체질 : pitta 체질은 근육형(athletiker)으로 근육이 발달된 건강한 보통체형이다.
- vata 체질 : vata 체질은 마른형(letosom)으로 저체중이나 빈약한 체형이다.

(8) 아유르베다 프로그램

아유르베다는 정서적으로 안정시키고 정신적으로 편안한 상태를 이르게 하고 기본 원칙으로는 마사지, 입욕, 세정을 통한 심신의 청결과 독소 및 노폐물을 제거하는 것이다.

① 마사지

- 아비얀가(abyanga) : 아비얀가는 따뜻한 전신 오일 마사지로 신체를 따뜻하게 해주고, 혈액순환 촉진 및 노폐물 배출을 목적으로 적용한다.
- 건조마사지(dry massage) : 건조마사지는 거친 실크 장갑을 끼고 문지르는 방법으로 피부탄력 증가를 목적으로 적용한다.
- 우드바타나(Udvartana) : 우드비다나는 깨, 밀배아 등의 허브 파우더를 사용하여 마사지를 하며, 지방 연소 및 셀룰라이트 완화를 목적으로 적용한다.

② 입욕(baths)

입욕은 오일을 사용하여 세 가지 도샤를 조절하여 신체 균형 유지를 목적으로 한다.

③ 세정(washes)

세정은 nasyasm 오일을 사용하여 코와 구강을 세정하는 목적으로 적용한다. 그 방법은 nasyasm 오일을 몇 방울 깊이 숨을 쉬며 코로 흡입하는 것과 참깨오일을 10분 동안 입안에 머금고 있는 구강 세정법이 있다.

표 4-12. 체질에 따른 특징

	VATA 체질	PITTA 체질	KAPHA 체질
체 형	마른체형	중간 체형	뚱뚱한 체형
피 부	건조한 피부	옅은색의 가는 머리카락 여드름	두꺼운 곱슬머리 두껍고 창백함, 지성 피부
성 격	행동의 과장 감정의 변화 심함 상상력 풍부 직감력, 불안감, 의욕 넘침	따뜻하고 땀이 많음 긴장감, 성격이 급함 감정 풍부 계획성 있고 총명함	감정 풍부 완벽주의 느리고 화를 잘 내지 않음
질 병	변비, 신경증	위궤양, 치질	오래 깊은 잠, 고 콜레스테롤

(9) 아유르베다 체질에 따른 식이요법

아유르베다의 이론에 근거하면, 본인의 체질을 분석하고 그에 적합한 음식을 섭취했을 때 신체의 균형을 이루고 건강함을 유지할 수 있다고 한다. 예를 들면, 단맛은 바타와 피타를 감소, 카파를 증가시켜 감각기관을 강화하여 식욕 자극효과를 보이며, 짠맛은 바타를 감소, 피타와 카파를 증가시켜 경련 완화, 타액분비 촉진, 소화촉진의 효과를 보인다고 한다. 또한 매운맛은 카파를 감소, 바타와 피타를 증가시켜 소화촉진, 혈액정화, 피부질환 치료 효과를 보이고, 쓴맛은 피타와 카파를 감소, 바타를 증가시키고 살균작용, 가려움증 해소에 효과가 있으며, 떫은맛은 피타와 카파를 감소, 바타를 증가시키고 진정작용, 혈관응축, 혈액응고 효과를 보인다. 이러한 음식의 맛은 아유르베다 체질에 따라 적용할 수 있다.

바타 타입에 이로운 맛은 단맛, 신맛, 짠맛이며 해로운 맛은 쓴맛, 매운맛, 떫은맛이다. 피타 타입에 이로운 맛은 단맛, 쓴맛, 떫은 맛이고 해로운 맛은 신맛, 짠맛, 매운맛이다. 카파 타입에 이로운 맛은 매운맛, 쓴맛, 떫은맛이고 해로운 맛은 단맛, 신맛, 짠맛이다.

이러한 원리를 기본으로 하여 고객의 체질에 적합한 음식요법을 활용하기도 한다. 그 예는 표 4-13에서 제시하였다.

표 4-13. 체질에 적합한 음식

음식종류	바타(VATA)		피타(PITTA)		카파(KAPHA)	
	비 권장	권 장	비 권장	권 장	비 권장	권 장
과 일	**마른과일:** 사과, 배, 감 석류, 수박	**단과일:** 살구, 코코낫 애보카도 바나나, 포도 레몬, 오렌지 망고, 메론	**신과일:** 살구, 바나나 포도(녹색) 레몬, 감 오렌지(신맛) 파인애플(신맛)	**단과일:** 사과, 망고 애보카도, 배 코코낫, 메론 포도(검은색) 무화과	**달고 신 과일:** 애보카도 바나나 코코낫 무화과	**건조과일:** 사과, 살구 버찌, 망고 무화과(말린 것) 복숭아, 배 감
야 채	**신선한 야채:** 브로콜리 양배추, 샐러리 파슬리, 완두콩 가지, 상추 버섯, 양파 감자(흰색) 시금치 꽃양배추	**조리된 야채:** 당근, 오이 마늘, 녹색 콩 양파(조리된 것) 감자(단맛) 무, 서양호박	**매운 야채:** 당근, 가지 마늘, 양파 후추(뜨거운 맛) 무, 상추 토마토	**달고 쓴 야채:** 양배추, 감자 버섯, 완두콩 상추, 오이 브로콜리 후추(녹색) 샐러리, 녹색 콩 파슬리 서양호박	**달고수분많은 야채:** 오이 감자(단맛) 토마토 서양호박	**맵고 쓴 야채:** 사탕무우 브로콜리 양배추, 가지 샐러리, 마늘 상추, 버섯 완두콩 시금치
곡 식	보리, 메밀 옥수수, 기장 귀리(말린 것) 호밀	귀리(조리된 것) 쌀, 밀	메밀, 옥수수 기장, 호밀 귀리(말린 것) 쌀(갈색)	귀리(조리된 것) 보리, 밀 쌀 (흰색)	귀리(조리된 것) 쌀(갈색), 밀 쌀 (흰색)	보리, 옥수수 기장, 호밀 귀리(말린 것)
동물성	양고기 돼지고기 토끼고기 시슴고기	쇠고기 닭고기 칠면조 달갈	쇠고기 달걀(노른자) 양고기 돼지고기	달걀(흰자) 토끼고기 닭고기 칠면조	쇠고기 양고기 돼지고기 어류 조개류	닭고기 칠면조 달걀
견 과	견과류 좋음(적당량)		견과류 좋지 않음 (코코낫을 제외)		견과류 좋지 않음	
씨 앗	씨앗 좋음(적당량)		씨앗 좋지 않음 (해바라기씨, 호박씨 제외)		씨앗 좋지 않음 (해바라기씨, 호박씨 제외)	
감미료	감미료 좋음(흰 설탕 제외)		감미료 좋음 (당밀, 꿀 제외)		감미료 좋지 않음 (가공하지 않은 꿀 제외)	
유제품	유제품 좋음(적당량)		비 권장	권 장	기(ghee: 물소 젖/버터기름) 염소젖을 제외한 어떤 유제품도 좋지 않다.	
			버터 밀크 치즈, 신크림 요구르트	희고 부드러운 치즈, 버터, 우유		
기 름	기름 좋음		아몬드, 참깨 옥수수	코코낫, 콩 해바라기	소량의 아몬드, 해바라기 기름 만 좋음	

6) 수기요법

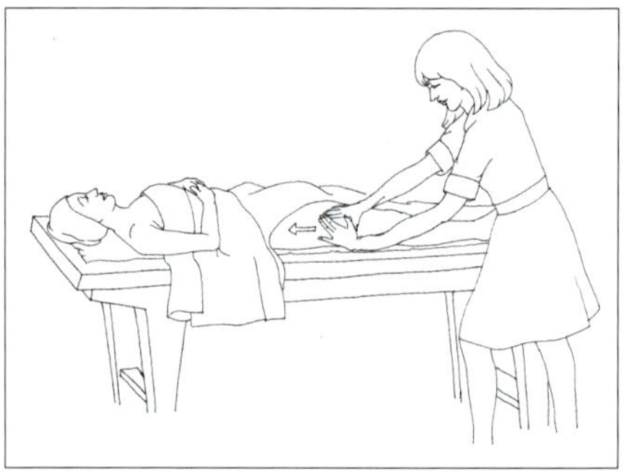

체형관리에서 사용되는 수기요법은 다양하지만, 본 장에서는 마사지의 기본이 되는 스웨덴식 마사지를 중심으로 제시한다. 마사지의 주요 동작은 쓰다듬기(effleurage)로 시작해서 반죽하기(kneading), 문지르기(friction)와 집어주기(petrissage), 두드리기(tapotement) 동작 순서로 하며 마지막에 다시 쓰다듬기(effleurage)로 마무리 한다. 마사지 시작 시 고객의 오른쪽 다리에서부터 시작하여 왼쪽 다리, 왼쪽 팔, 가슴, 오른쪽 팔, 복부, 엉덩이 순으로 마사지하여 등 부위에서 마무리한다.

전신 마사지시 고객의 자세는 편안하게 반듯이 누운 상태에서 머리는 베개로 머리를 지탱시켜 주고 담요나 타월 등으로 몸을 덮는다.

(1) 수기동작의 종류 및 특징

① 유연법(집어주기; petrissage)과 고타법(tapotement)

유연법과 고타법은 근육에 적당한 자극을 주어 기능을 항진시키고, 경직된 근육을 이완시켜 근육의 피로를 해소한다.

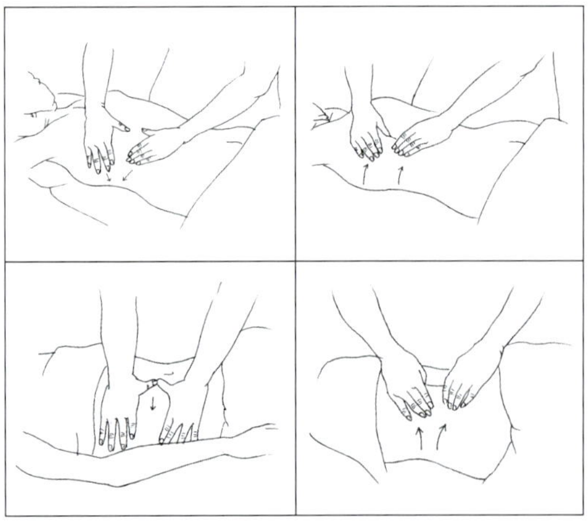

• 당기면서 주무르기(skin rolling)

피부 표면을 집어서 주무르는 동작으로 엄지손가락으로 피부 표면을 밀어 올려주고, 네 손가락을 이용하여 집어준다. 신체 밖에서 중심 쪽으로 천천히 부드럽게 압을 주면서 이동시켜주는 동작이다. 주로 복부와 등 부위에 이용한다.

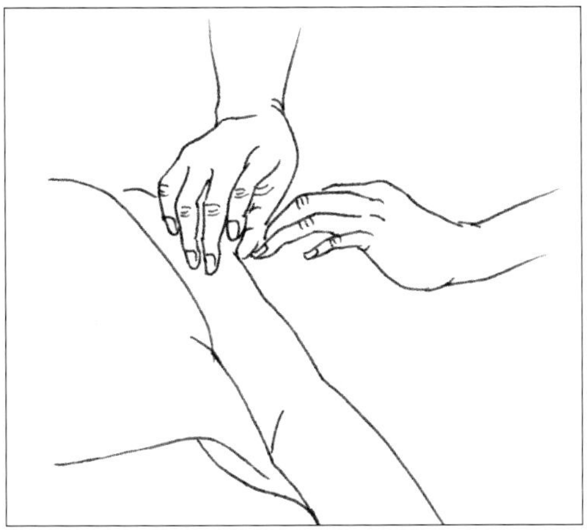

• **집어주기**(pinchment)

피부 표면을 양손의 엄지손가락과 검지손가락을 이용해 집어주는 동작이다. 주로 팔, 등, 복부 부위 등에 이용한다.

• **고타법**(tapotement)

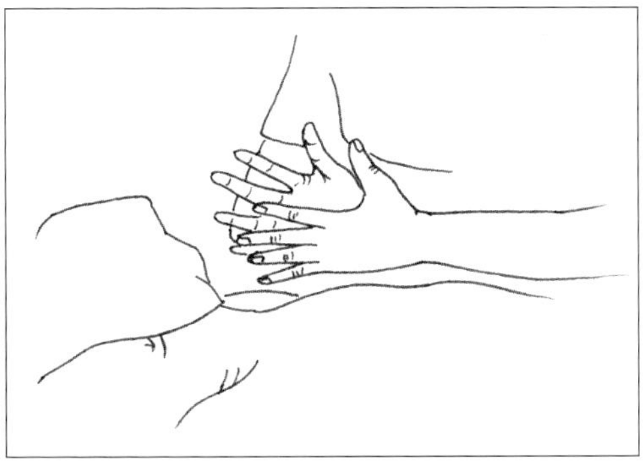

• **두드리기**(hacking)

양 손의 측면을 이용하여 가볍고 빠르게 압을 주어 두드려주는 동작이다. 주로 등, 어깨, 팔, 대퇴부, 엉덩이 부위에 이용한다.

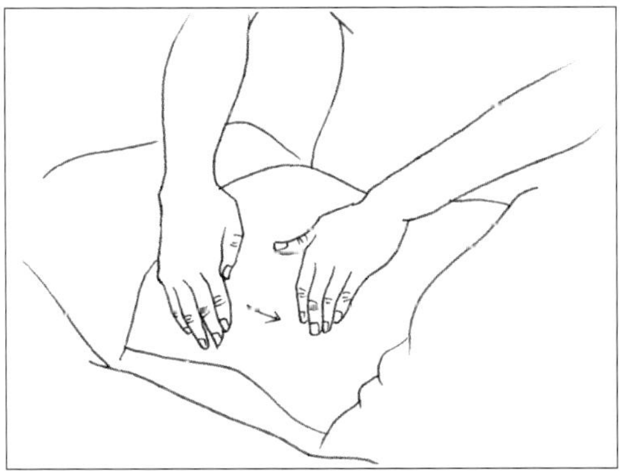

• **두드리기**(cupping)

양손을 컵모양을 하여 진공상태로 두드리는 것이다. 주로 넓은 부위인 허리측면, 등, 엉덩이, 대퇴부위에 이용한다.

(2) 다리부위 마사지

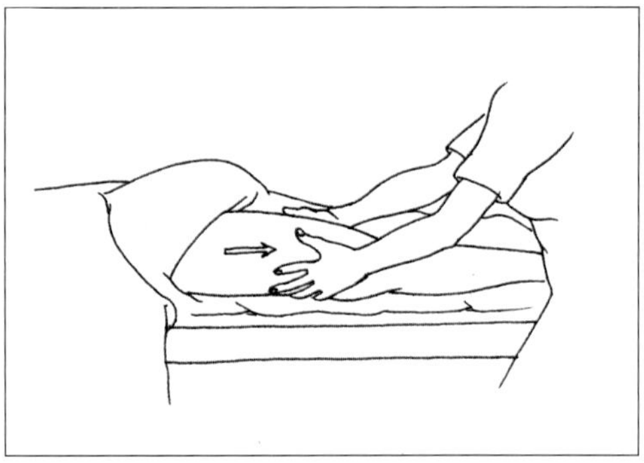

① 다리 쓰다듬기(superficial effleurage)

양손을 밀착시켜 발목부터 대퇴부까지 전체를 쓰다듬어 올라가서 측면으로 내려온다.

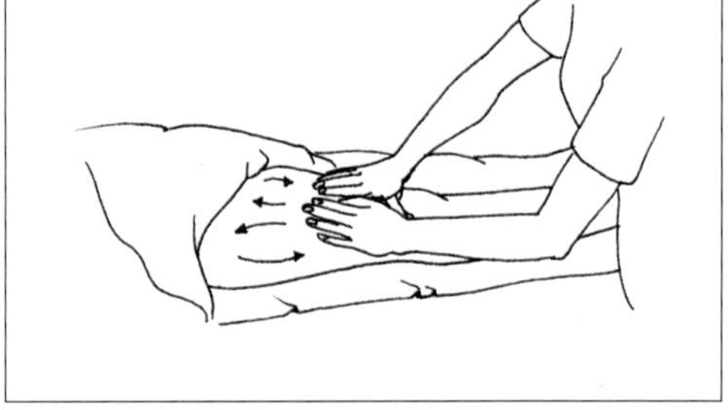

② 다리 심부 쓰다듬기(deep effleurage)

양손을 밀착시켜 발목부터 대퇴부까지 원을 그리며 외측과 내측을 쓰다듬어 올라가서 내려온다.

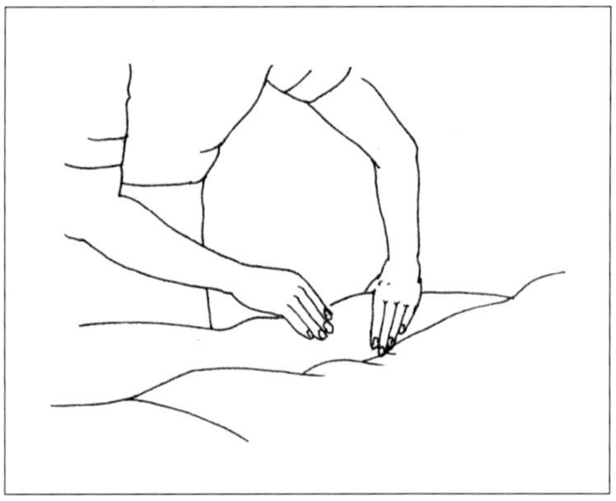

③ 대퇴부 주무르기(kneading)

양손 엄지와 네 손가락으로 대퇴부 내측과 외측을 반죽하듯이 주무른다.

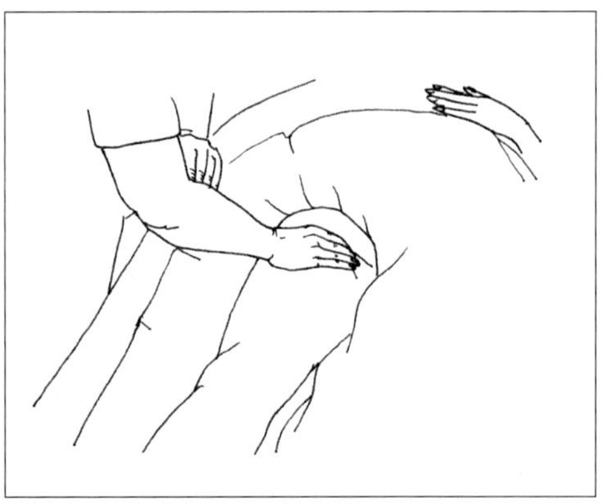

④ 대퇴부 문지르기(friction)

한손은 대퇴부 바깥쪽에 고정시키고 다른 손바닥으로 대퇴부 안쪽을 문지른다.

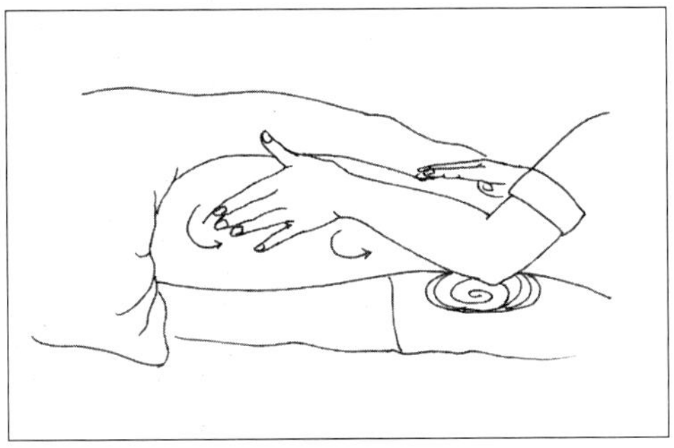

⑤ 대퇴부 바깥쪽 문지르기(friction)
한 손을 대퇴부 바깥 부분을 네 손가락으로 이용하여 원을 그리며 문지른다.

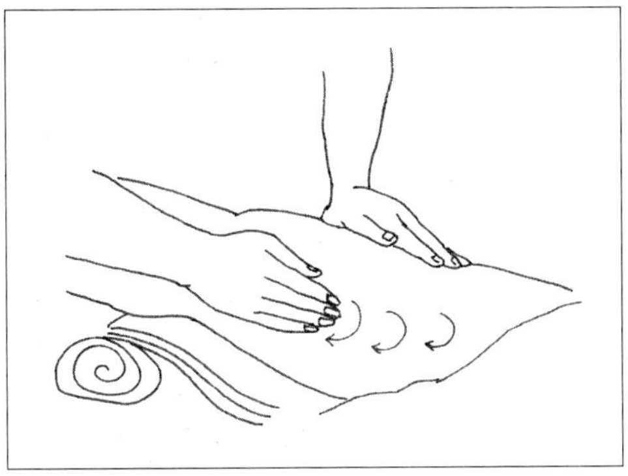

⑥ 대퇴부 안쪽 문지르기(friction)
한 손을 대퇴부 안쪽 부분을 네 손가락으로 이용하여 원을 그리며 문지른다.

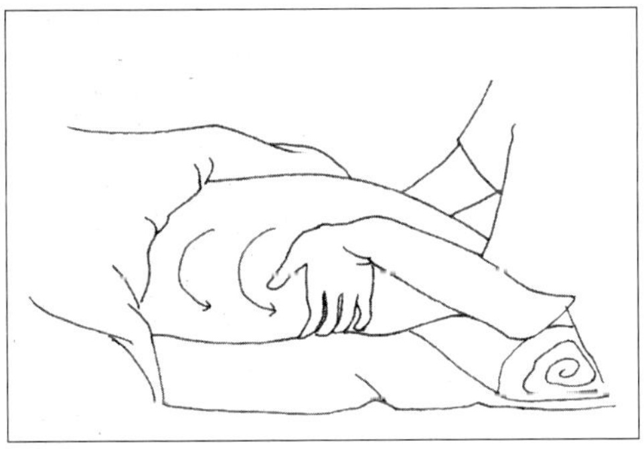

⑦ 대퇴부 문지르기(friction)
양 손을 각각 대퇴부 바깥쪽과 안쪽 부분을 원을 그리며 문지른다.

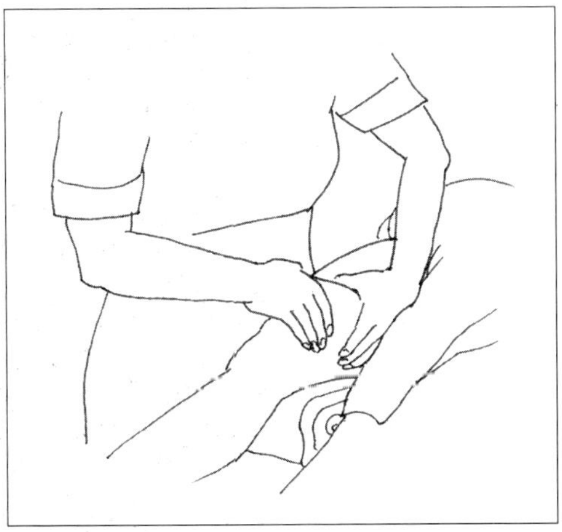

⑧ 대퇴부 안쪽 주무르기(double kneading)
양 손을 각각 대퇴부 안쪽 부분을 원을 그리며 반죽하듯이 주무른다.

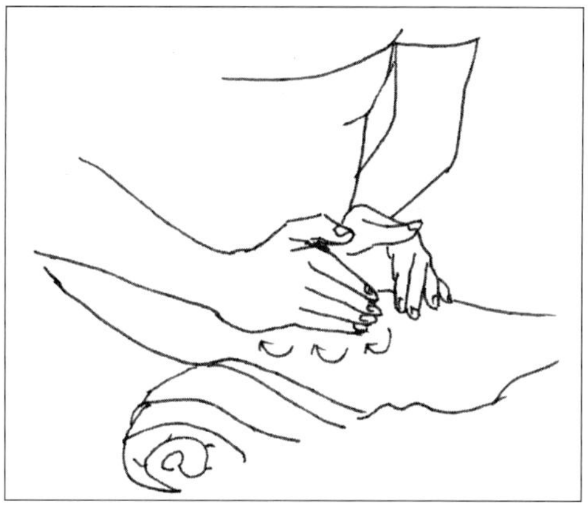

⑨ 슬개골 문지르기(friction)

양 손의 4지를 이용하여 슬개골 주위를 돌며 작은 원을 반죽하듯이 문지른다.

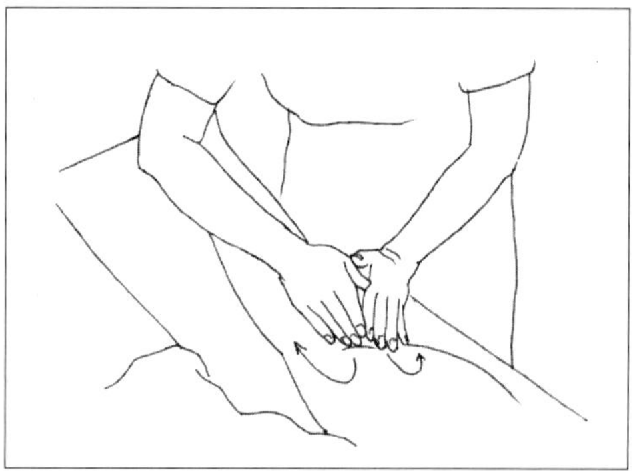

⑩ 슬개골 쓰다듬기
(deep effleurage : stroking)

양 손의 네 손가락을 이용하여 슬개골 주위를 돌며 쓰다듬는다.

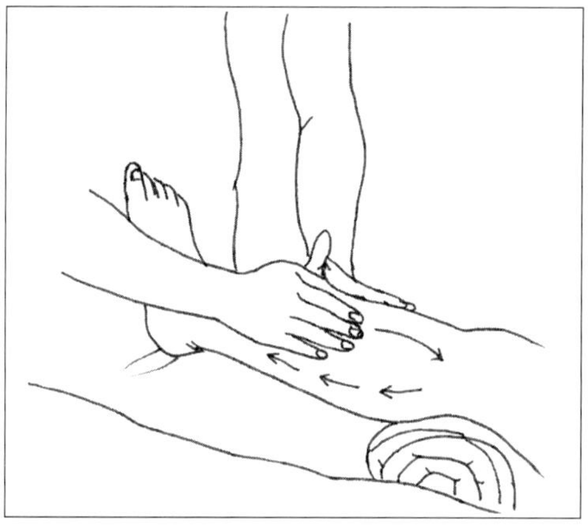

⑪ 종아리 심부 쓰다듬기(deep effleurage)

양 손으로 종아리를 쓰다듬는다.

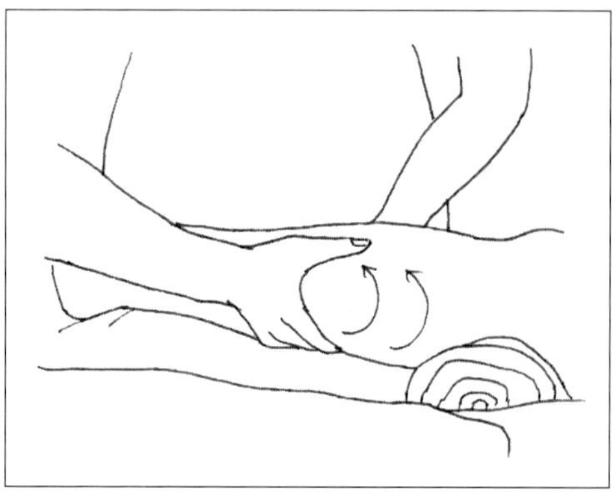

⑫ 종아리 문지르기(friction)

양 손의 엄지와 네 손가락을 이용하여 종아리를 문지른다.

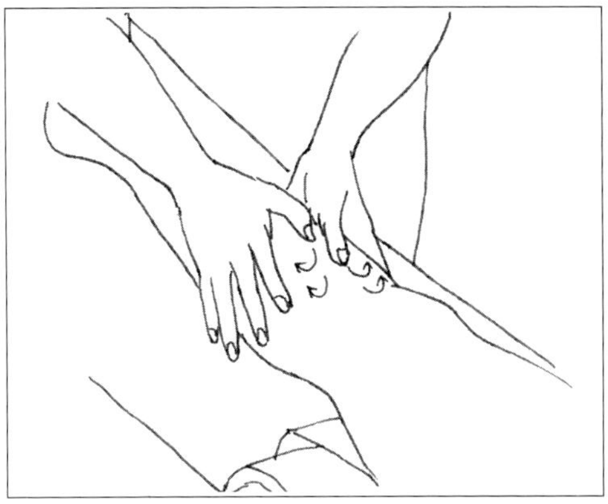

⑬ 경골 문지르기(friction)

양 손의 엄지 손가락을 이용하여 경골 부위를 원을 그리며 문지른다.

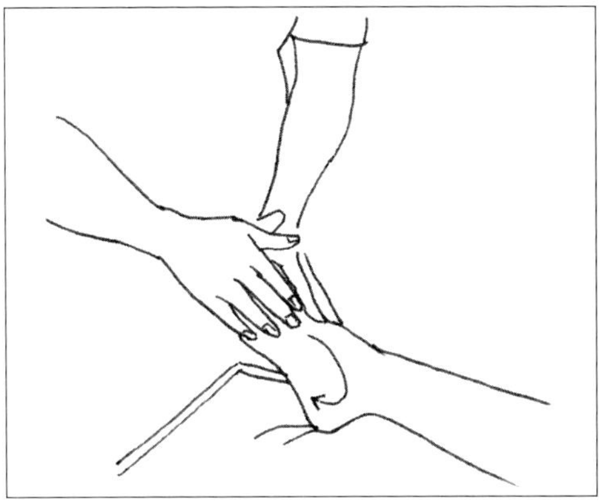

⑭ 발등 쓰다듬기(effleurage : stroking)

양 손의 네 손가락을 이용하여 발등에서 복사뼈까지 쓰다듬는다.

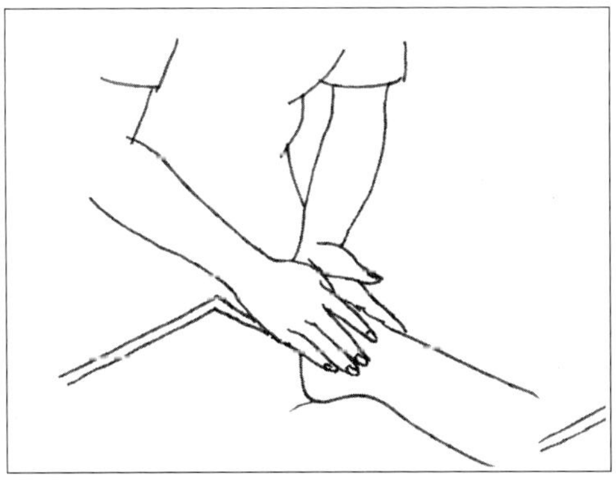

⑮ 복사뼈 쓰다듬기(effleurage : stroking)

양 손의 네 손가락을 이용하여 복사뼈를 쓰다듬는다.

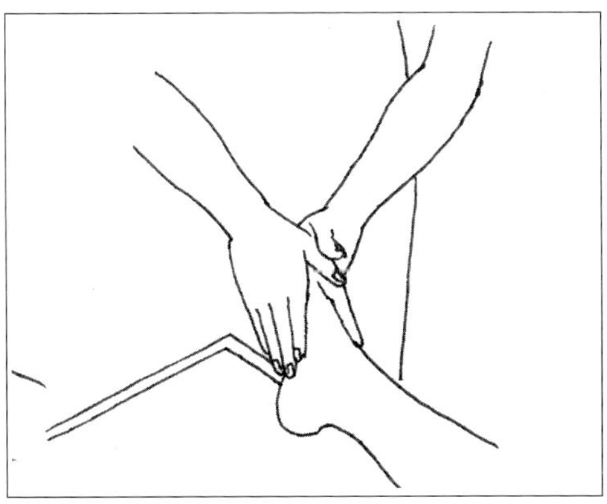

⑯ 발뒤꿈치 쓰다듬기(stroking effleurage)

양 손의 네 손가락을 이용하여 발뒤꿈치에서부터 발의 측면까지 쓰다듬는다.

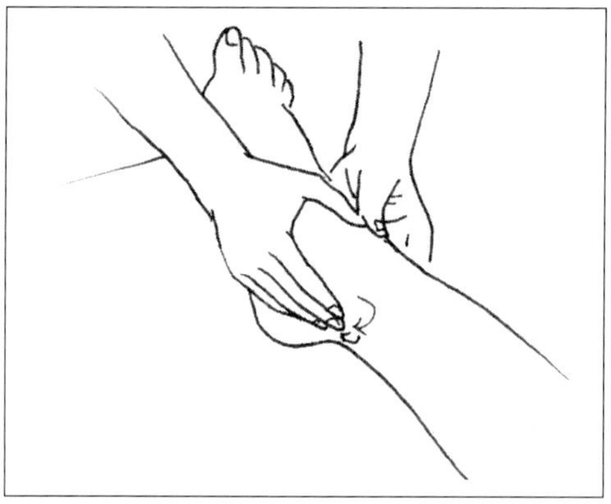

⑰ **복사뼈 문지르기(friction)**

양 손의 네 손가락을 이용하여 복사뼈를 작은 원을 그려가며 문지른다.

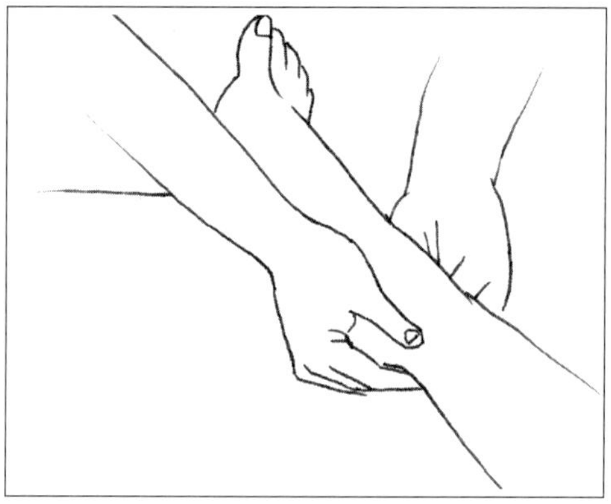

⑱ **복사뼈 문지르기(friction)**

양 손의 엄지손가락을 이용하여 복사뼈를 작은 원을 그려가며 문지른다.

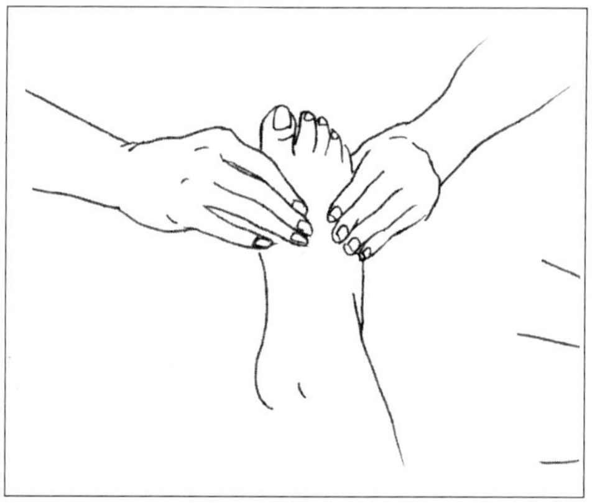

⑲ **발등 전체 쓰다듬기(effleurage : stroking)**

양 손의 네 손가락을 이용하여 발등을 쓰다듬는다.

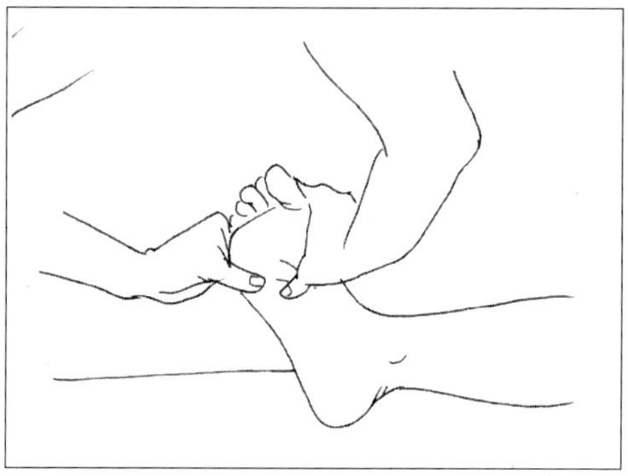

⑳ **발바닥 쓰다듬기(effleurage : stroking)**

양 손의 엄지손가락을 이용하여 발바닥을 쓰다듬는다.

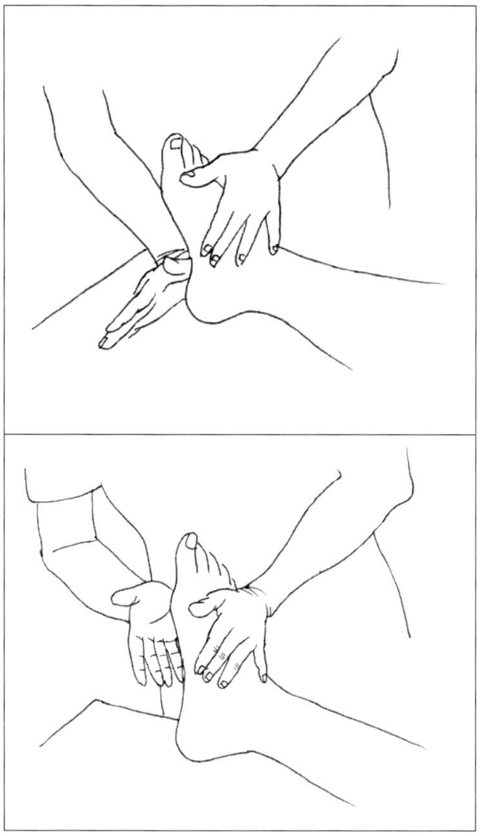

㉑ **발바닥 쓰다듬기(effleurage : stroking)**

한 손은 발 등에 고정시키고 다른 손으로 발끝부터 발뒤꿈치까지 손바닥을 이용해 위에서 아래로 쓰다듬는다.

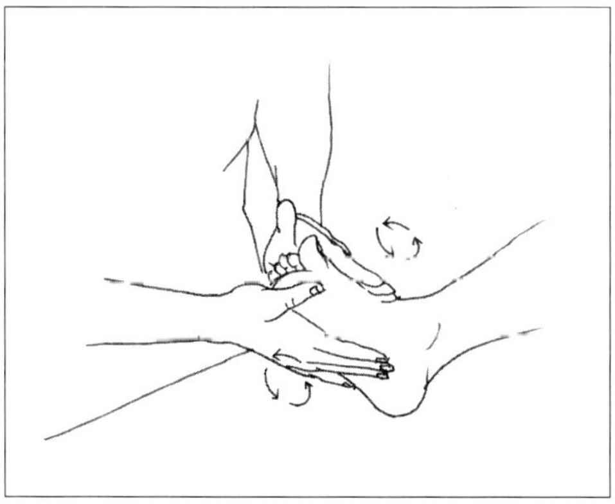

㉒ **발바닥 문지르기(friction)**

한 손은 발 등에, 다른 손은 발바닥에 놓고 양 손바닥으로 원을 그리며 발을 문지른다.

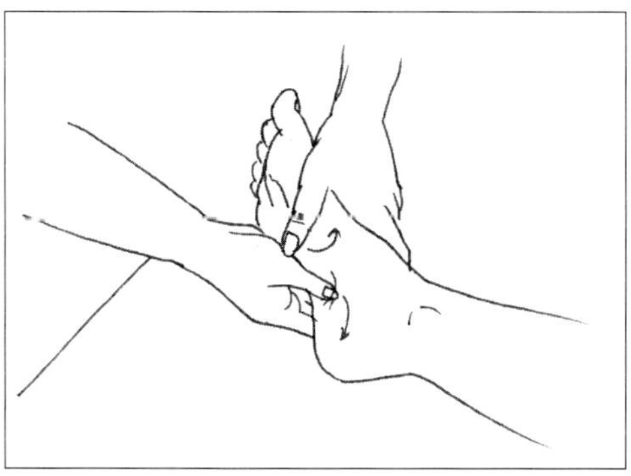

㉓ **발바닥의 중족궁 문지르기(friction)**

한 손은 발 등에 고정시키고 다른 손의 엄지를 이용하여 중족궁을 문지른다.

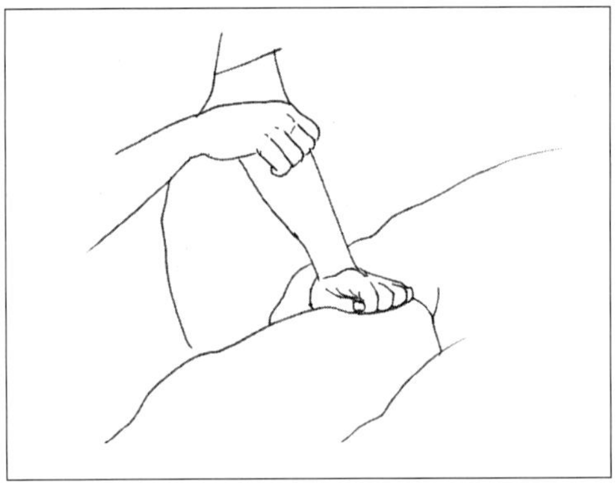

㉔ **다리 전체 두드리기(beating)**

주먹을 쥐어 다리 전체를 가볍게 두드린다.

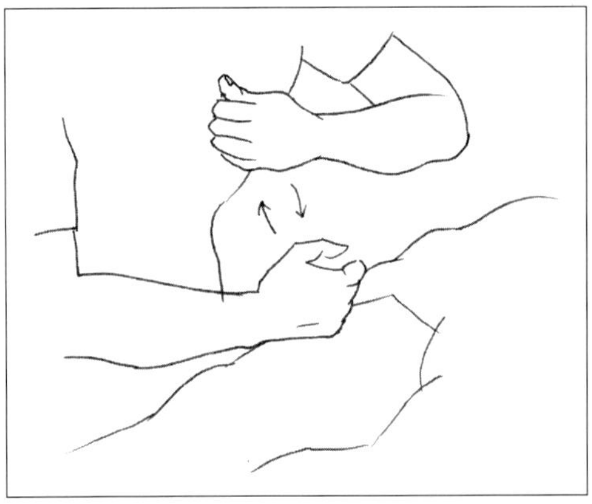

㉕ **다리 전체 두드리기(beating ; pounding)**

주먹을 쥐어 측면으로 다리 전체를 가볍게 두드린다.

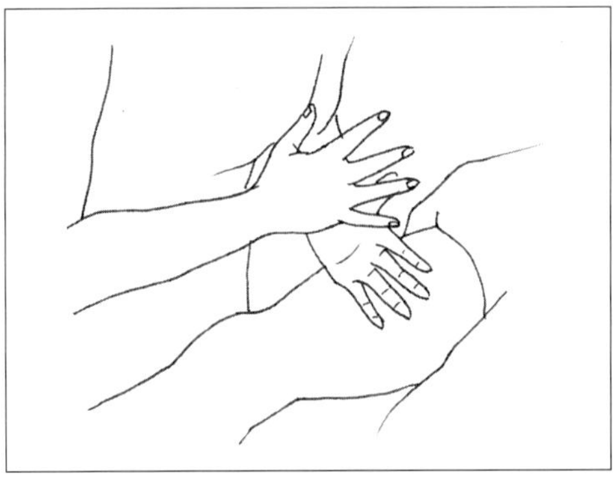

㉖ **다리 전체 두드리기(hacking)**

손바닥의 측면을 이용해 다리 전체를 가볍게 두드린다.

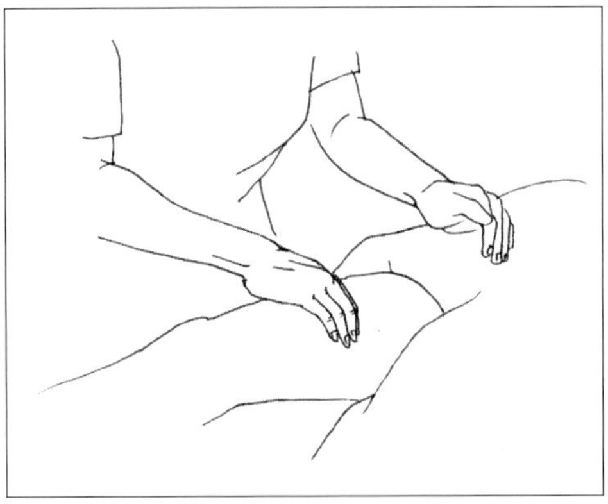

㉗ **다리 전체 두드리기(cupping)**

손을 컵모양으로 하여 다리 전체를 가볍게 두드린다.

(3) 팔 부위의 마사지

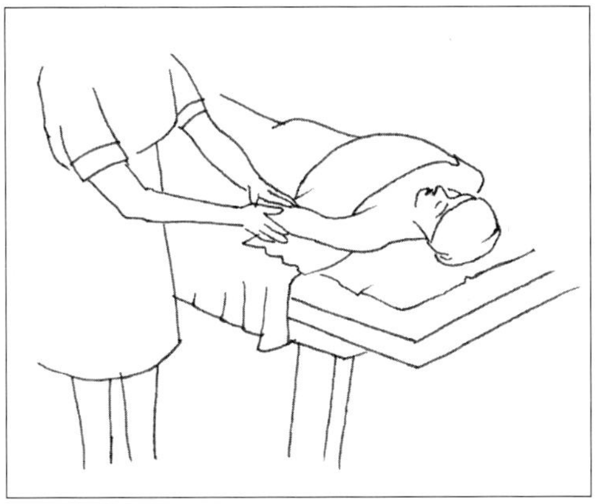

① 전체 쓰다듬기(superficial effleurage)

양 손으로 팔에서 어깨까지 쓰다듬는다.

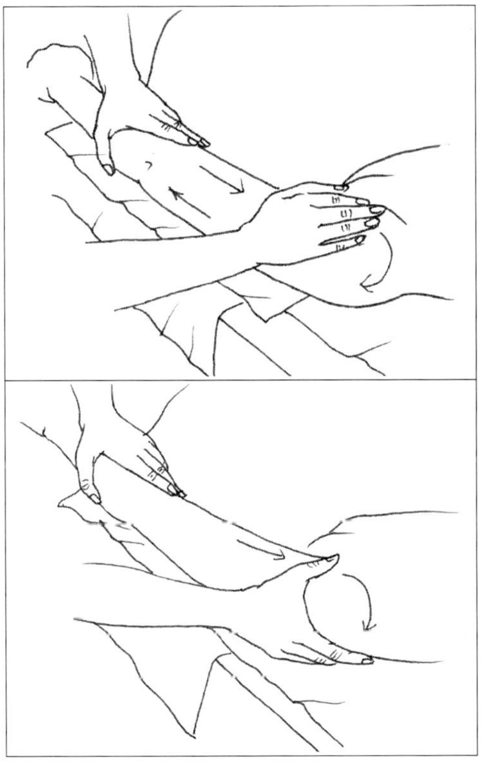

② 전체 심부 쓰다듬기(deep effleurage)

한 손은 팔목을 잡고 다른 손으로 팔 전체를 쓰다듬는다.

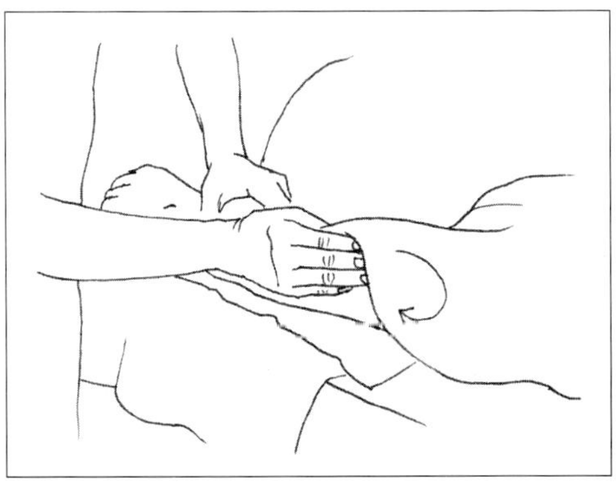

③ 전체 문지르기(friction)

한 손은 손목을 잡고 다른 손으로 어깨에서 상완까지 문지른다.

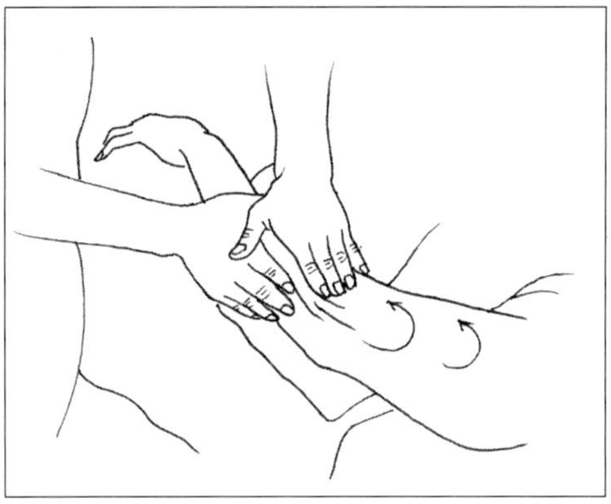

④ 전체 문지르기(friction)

양 손을 이용하여 원을 그리듯이 주무른다.

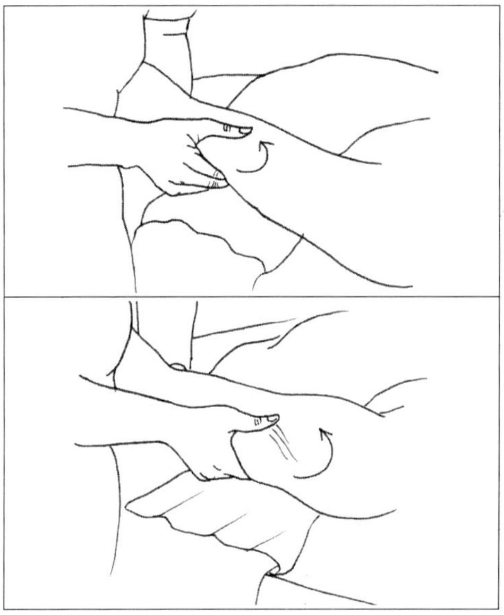

⑤ 팔 문지르기(friction)

한쪽 손으로 팔을 잡고 다른 손의 엄지 손가락을 이용하여 팔꿈치 위부터 밖에서 안으로 문지르며 점차 위쪽으로 이동한다.

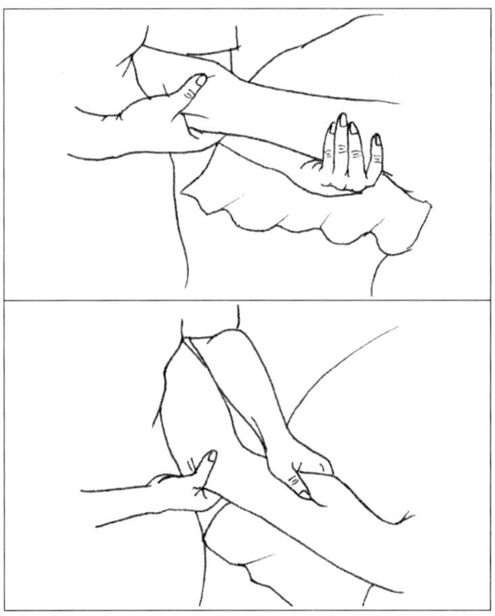

⑥ 팔 비틀기(wringing)

양 손을 서로 반대 방향으로 밀고 당겨서 상완부와 전완부로 나누어 팔을 비틀어준다.

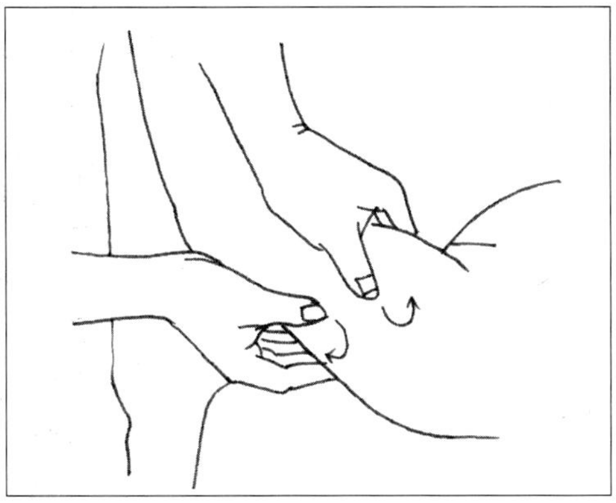

⑦ 팔 문지르기(friction)

양 손의 엄지손가락을 이용해 상완부위에 원을 그리며 문지른다.

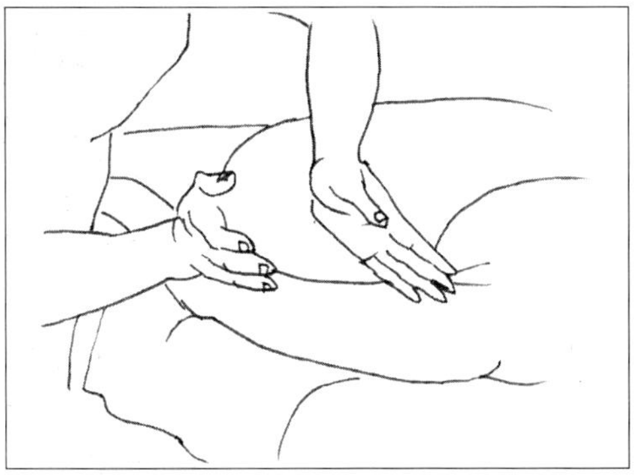

⑧ 팔 두드리기(hacking)

양 손의 측면 부분을 이용하여 팔을 두드린다.

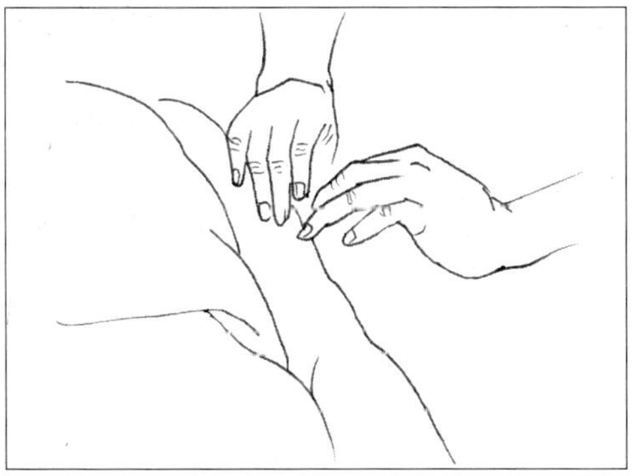

⑨ 팔 집어주기(pinching)

양 손의 손가락을 이용하여 팔을 집어준다.

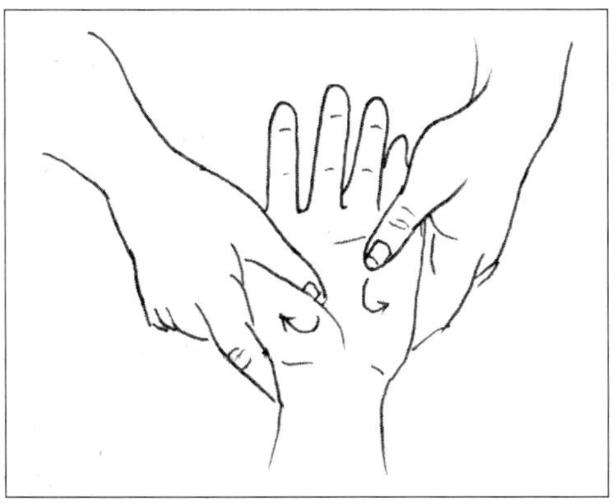

⑩ 손바닥 문지르기(friction)

양 손으로 손바닥을 잡고 엄지손가락을 이용하여 문지른다.

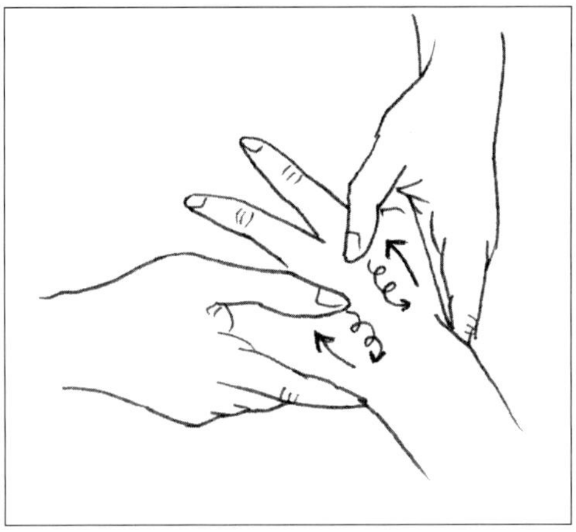

⑪ 손등 문지르기(friction)

양 손으로 손등의 중수골 사이를 엄지손가락을 이용하여 문지른다.

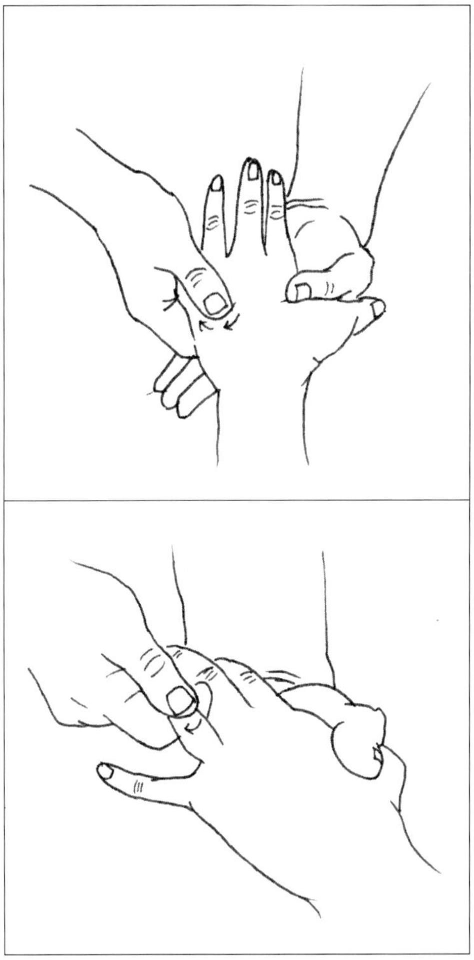

⑫ 손가락 문지르기(friction)

한손으로 손을 잡고 다른 손의 엄지손가락으로 각 손가락을 원을 그리듯이 문지른다.

(4) 가슴과 어깨 부위의 마사지

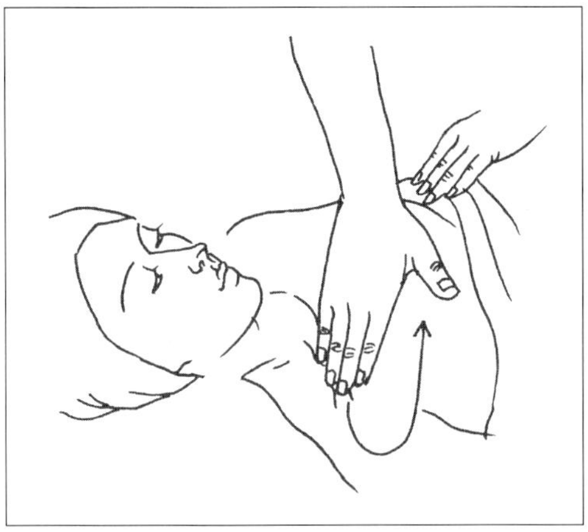

① 전체 쓰다듬기

(superficial effleurage : stroking)

한 손씩 번갈아가며 한쪽 방향씩 가슴에서 어깨로 쓰다듬는다.

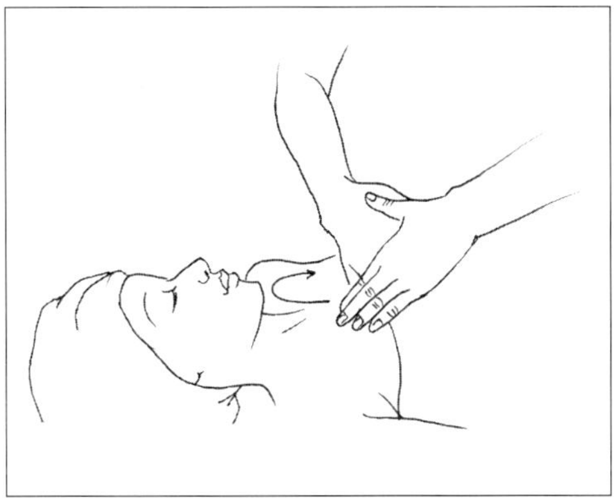

② 전체 쓰다듬기

(superficial effleurage : stroking)

양 손을 포개어 번갈아가며 한쪽 방향씩 가슴에서 어깨로 쓰다듬는다.

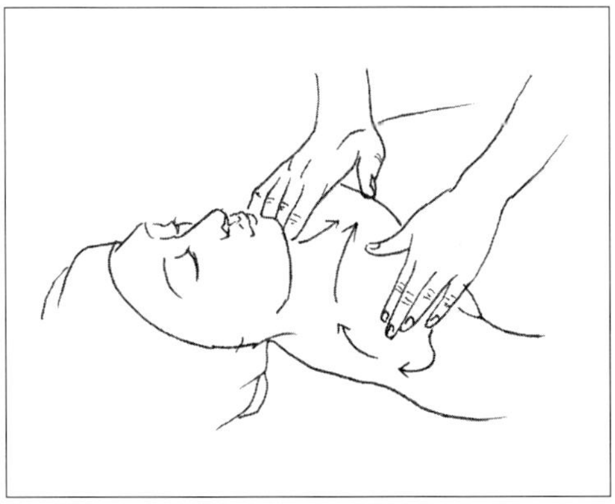

③ 전체 쓰다듬기(sweeping effleurage)

양쪽 어깨에 양손을 각각 올려놓고 어깨에서부터 가슴 안쪽으로 쓰다듬는다.

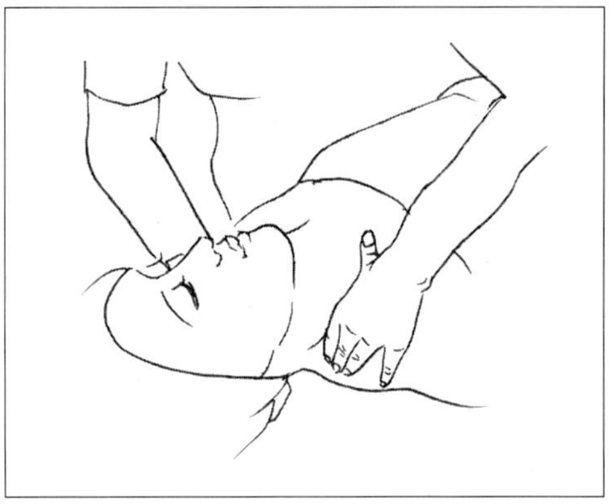

④ 승모근 쓰다듬기(effleurage)

양쪽 엄지는 쇄골 방향에 네손가락은 승모근에 위치하여 번갈아 가면서 승모근을 쓰다듬는다.

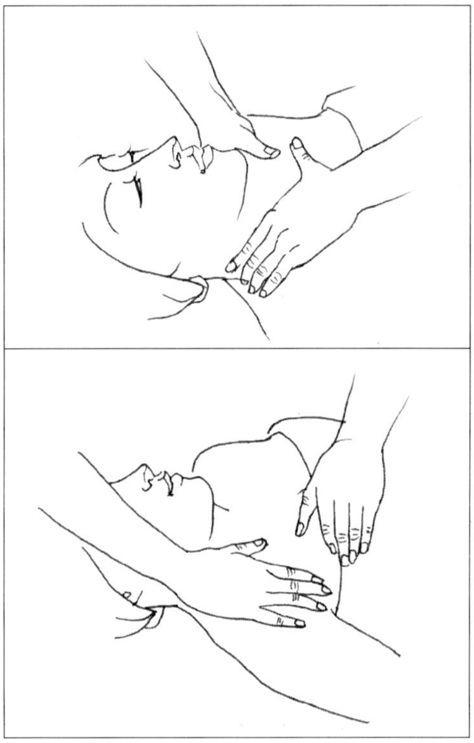

⑤ 흉쇄유돌근 쓰다듬기(effleurage)

승모근에서부터 목 뒤로 이동 후, 흉쇄유돌근을 따라서 쓰다듬는다.

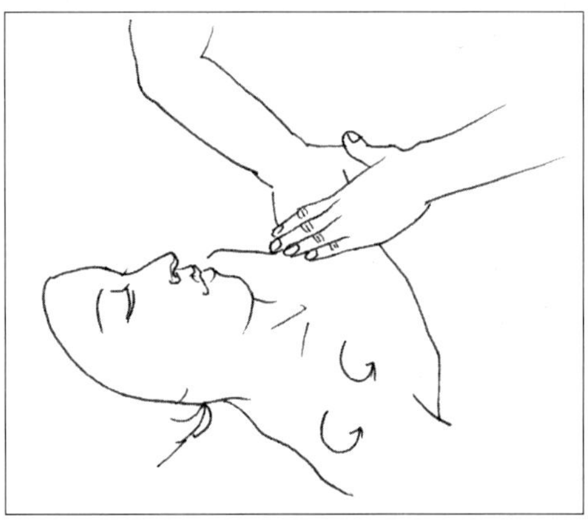

⑥ 가슴 주무르기(kneading)

가슴부분은 양손을 포개어 한족 방향씩 손가락부분을 이용해 원을 그리며 주무른다.

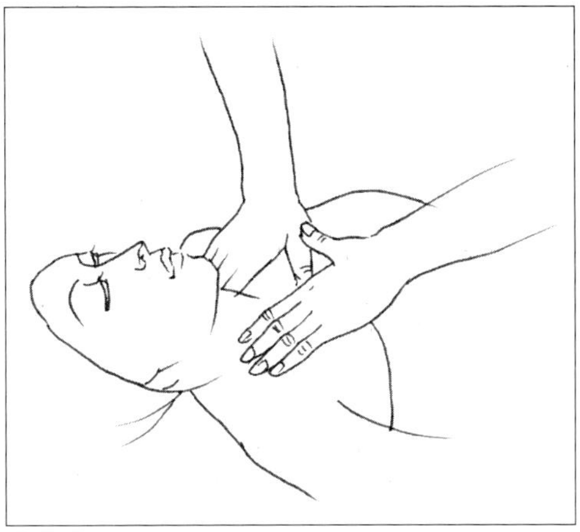

⑦ 가슴 문지르기(wringing)

측면에서 가슴부위를 양 손으로 짜듯이 비틀어 문지른다.

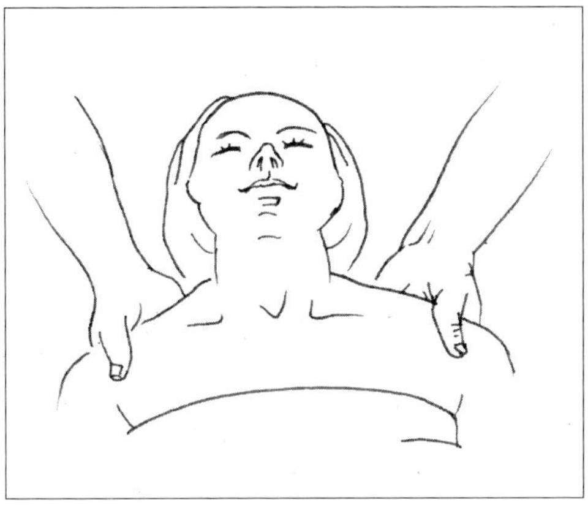

⑧ 승모근 주무르기(deep sweeping kneading)

각각의 손을 양쪽 어깨위에 올려놓고 엄지는 쇄골 방향에 네 손가락은 승모근에 위치하여 번갈아 가면서 승모근을 원을 그리듯 주무른다.

(5) 복부 부위의 마사지

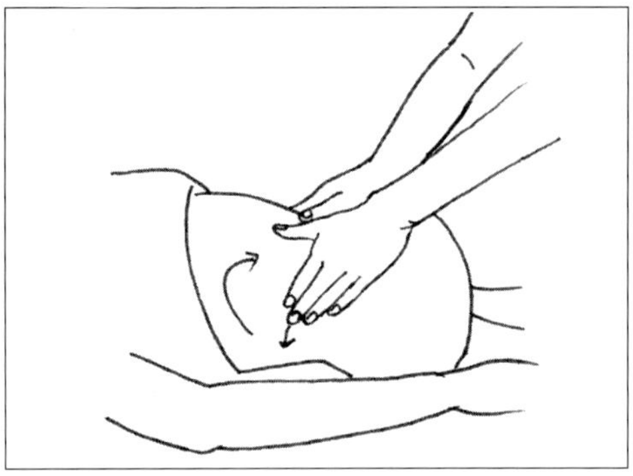

① 전체 쓰다듬기(effleurage : stroking)

양 손을 겹쳐 배꼽부위부터 허리를 감싸 늑골 밑 부분까지 감싸올려 쓰다듬는다.

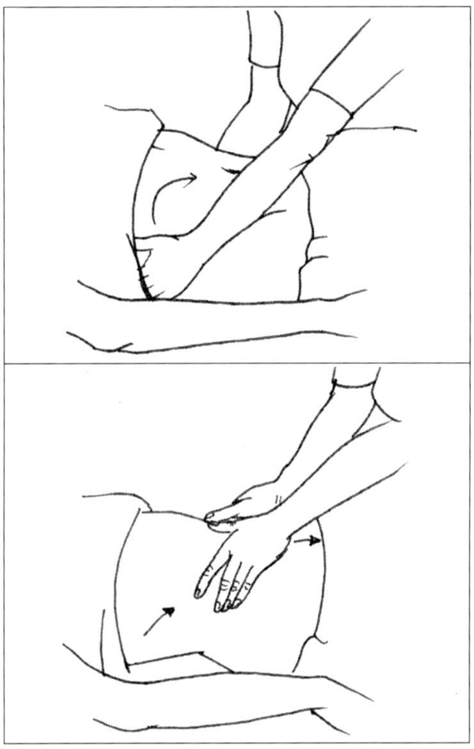

② 복부전체 쓰다듬기

(deep effleurage : stroking)

양 손을 겹쳐 배꼽부위부터 허리를 감싸 허리 뒤 척추부분까지 쓸어준다. 늑골 밑 부분까지 감싸올린 후 결장 부분까지 쓰다듬는다.

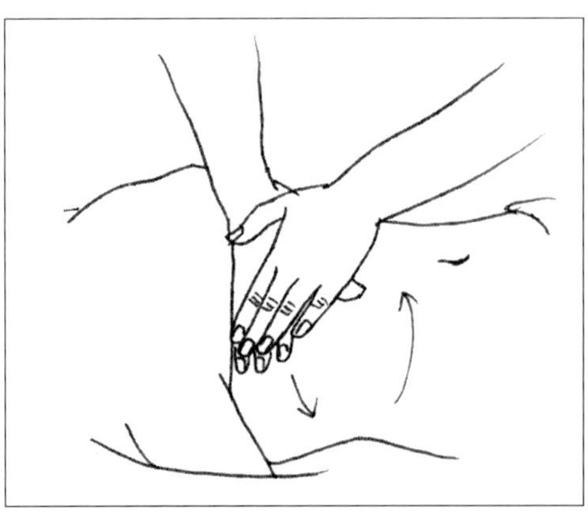

③ 늑골 주위 문지르기(friction)

양 손을 포개어 한쪽 부분의 늑골 부분에 손을 올려놓고 크게 원을 그리며 문지른다.

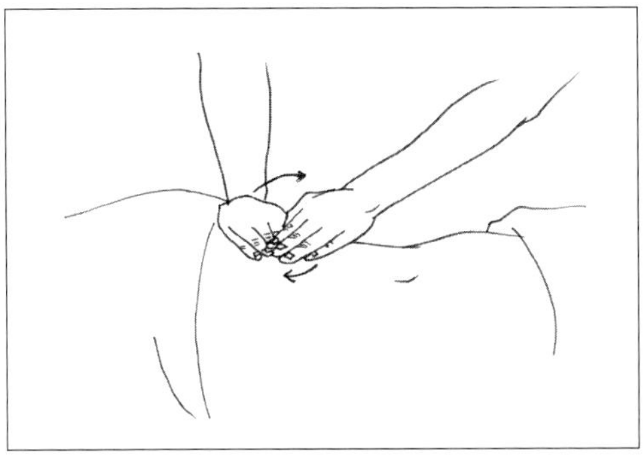

④ 횡격막 주위 문지르기(friction)

양 손을 포개어 한쪽 부분의 횡격막 부분에 손을 올려놓고 크게 원을 그리며 문지른다.

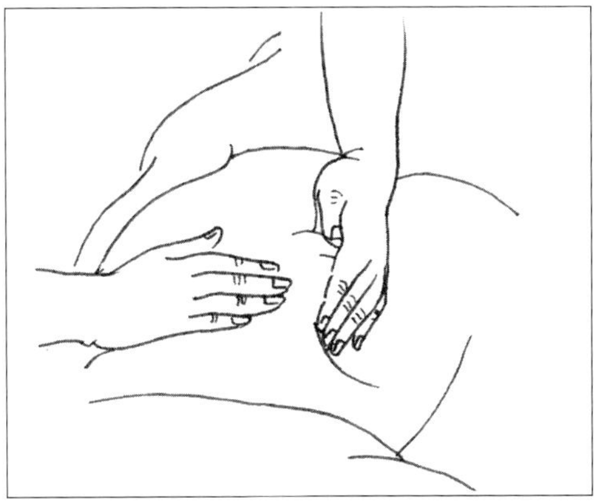

⑤ 결장부분 주무르기(kneading)

결장 부분을 양손의 엄지와 네 손가락을 이용하여 주무른다.

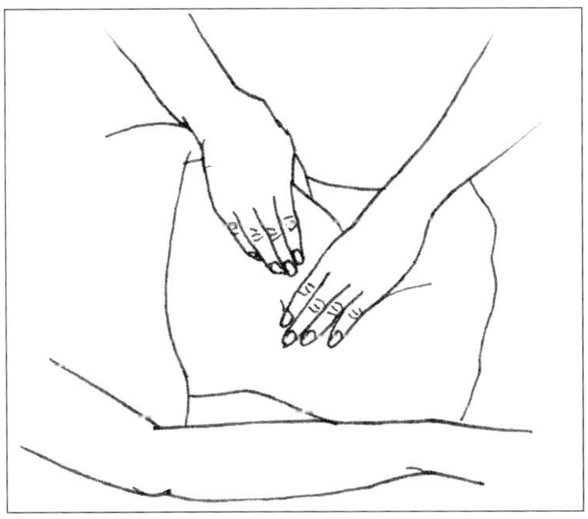

⑥ 허리 주무르기(wringing)

허리 측면을 양손의 엄지 손가락과 네 손가락을 이용하여 쥐어짜듯이 비틀어 주무른다.

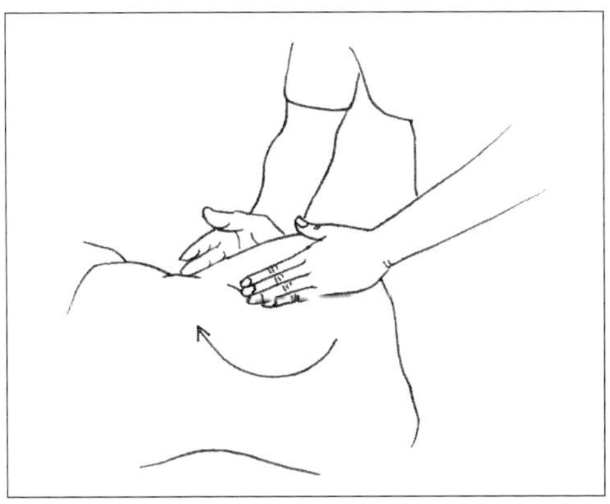

⑦ 복부 심부 쓰다듬기
(deep effleurage : stroking)

복부의 결장부위에서부터 측면 위쪽으로 원을 그려가며 양손으로 쓰다듬는다.

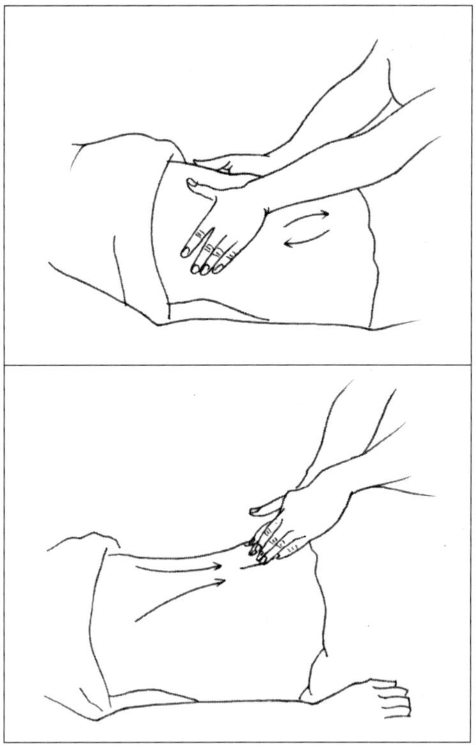

⑧ 전체 쓰다듬기(effleurage)

양손을 배꼽에서 시작하여 허리, 척추, 흉추 쪽으로 쓰다듬어 주고 흉골에서 배꼽으로 내려와 결장부분까지 쓰다듬는다.

(6) 등 부위의 마사지

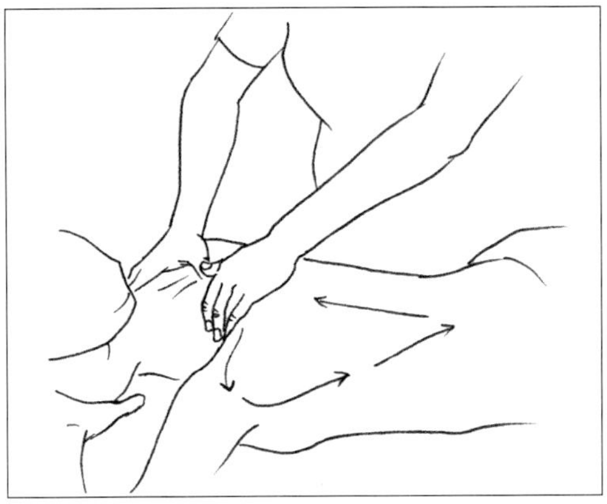

① 전체 심부 쓰다듬기

(deep effleurage : stroking)

양 손으로 천골에서 경추 부근까지 올라가 양쪽 어깨, 견갑골을 거쳐 허리를 감싸듯이 쓰다듬는다.

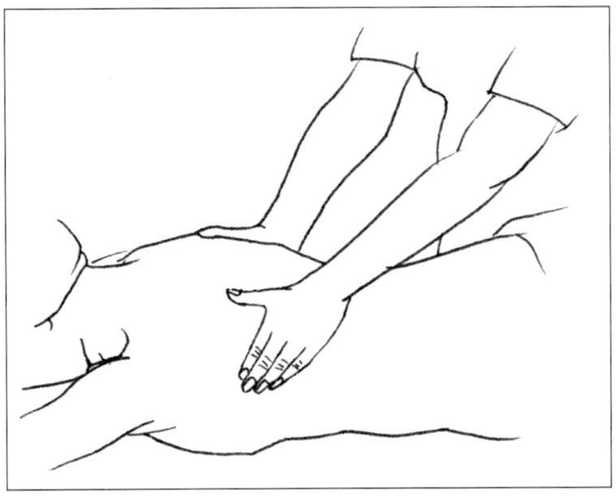

② 등 옆부분 심부 쓰다듬기

(deep effleurage : stroking)

양 손을 천골에서 양 옆 바깥쪽으로 쓰다듬어 겨드랑이에서 어깨까지 쓰다듬는다.

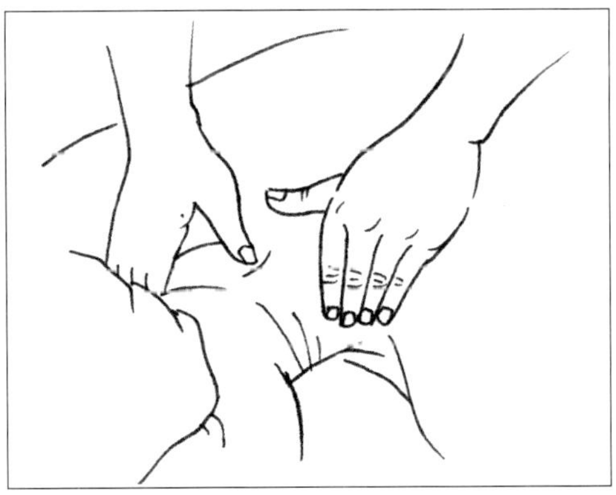

③ 후경부 주무르기(kneading)

후경부 근육을 양손으로 반죽하듯이 주무른다.

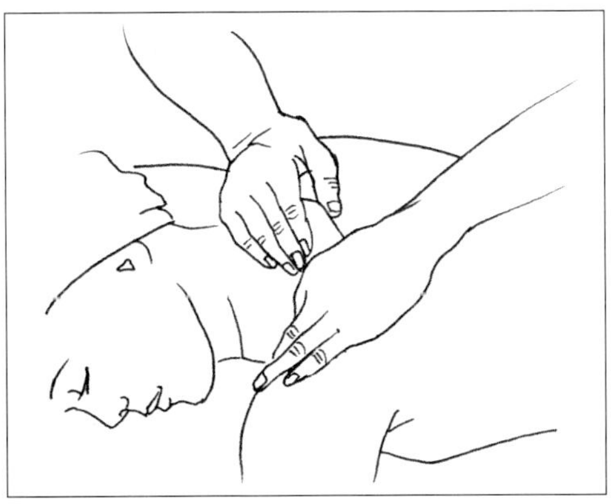

④ 승모근 주무르기(wringing)

승모근 근육을 양손을 이용해 비틀어 짜듯이 주무른다.

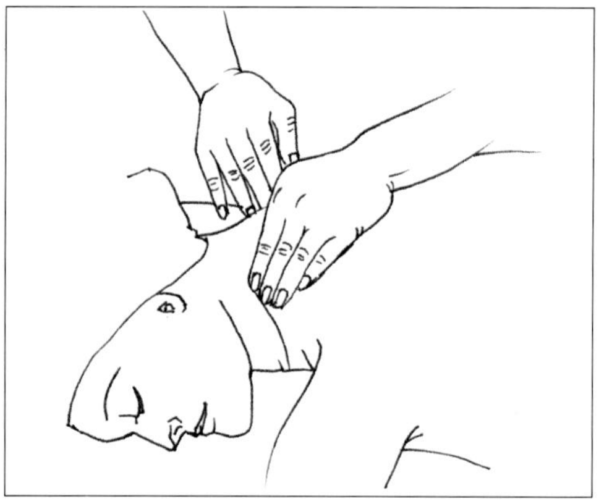

⑤ 승모근, 후경부 주무르기(kneading)

양 손을 이용해 승모근과 후경부를 주무른다.

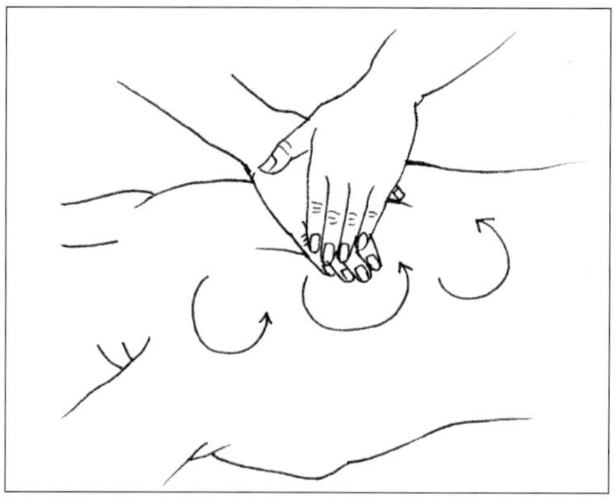

⑥ 허리 옆선 문지르기(friction)

양 손을 포개어 손가락을 이용해 견갑골 부위부터 엉덩이 위까지 문지른다.

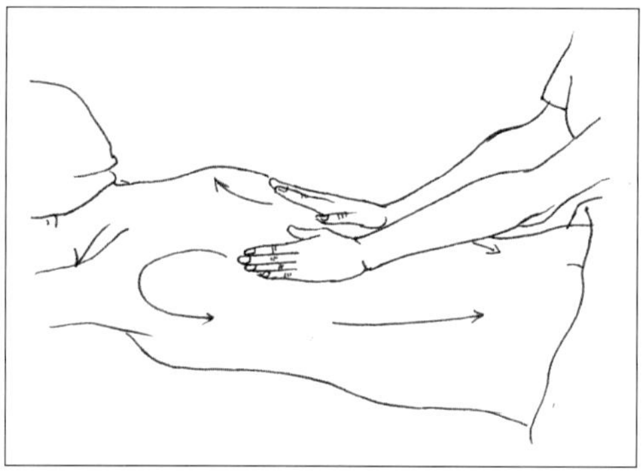

⑦ 등 전체 쓰다듬어 주기(effleurage)

양손을 이용해 등 전체를 쓰다듬는다.

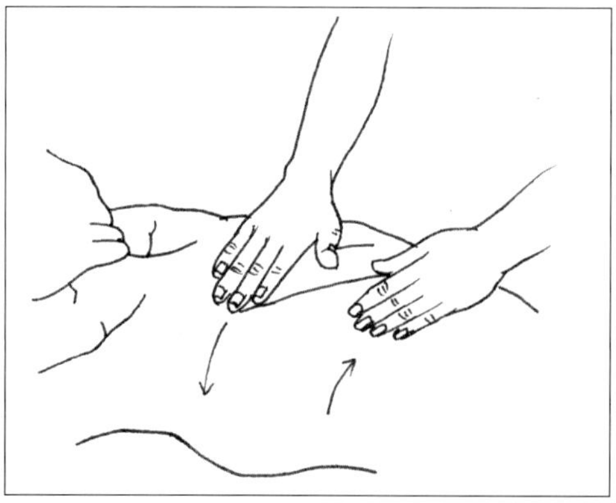

⑧ 허리 옆선 쓰다듬기(cross effleurage)

등에서 어깨부분 또는 허리 옆선부분을 사선 방향으로 양손을 교차시키면서 쓰다듬는다.

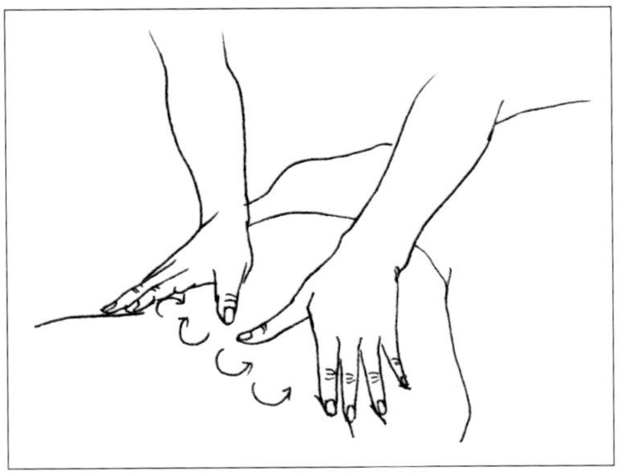

⑨ 요추부위 문지르기(friction)

양 손엄지로 요추부위를 수영방향으로 압을 주며 문지른다.

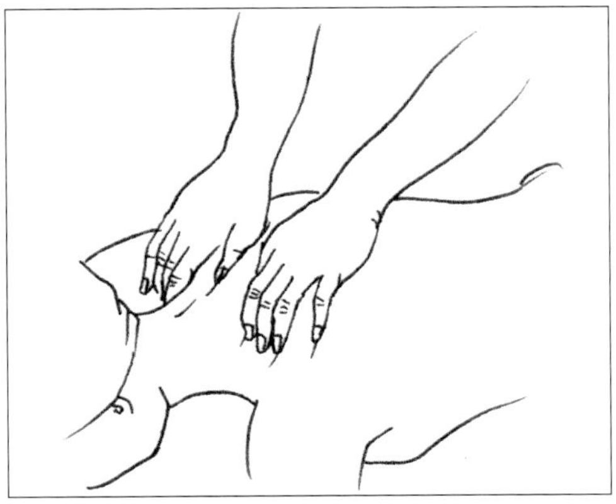

⑩ 후경부 누르기(compression)

양 손을 후경부에 대고 엄지를 이용하여 척추를 따라 내려가면서 천천히 압을 주며 눌러준다.

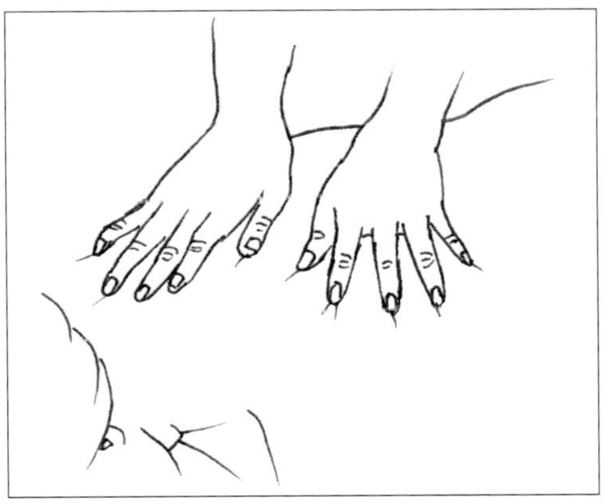

⑪ 흉추부분 누르기(compression)

흉추부분에서 천골부분으로 내려오면서 엄지와 손바닥 부분을 이용히여 압을 주며 눌러준다.

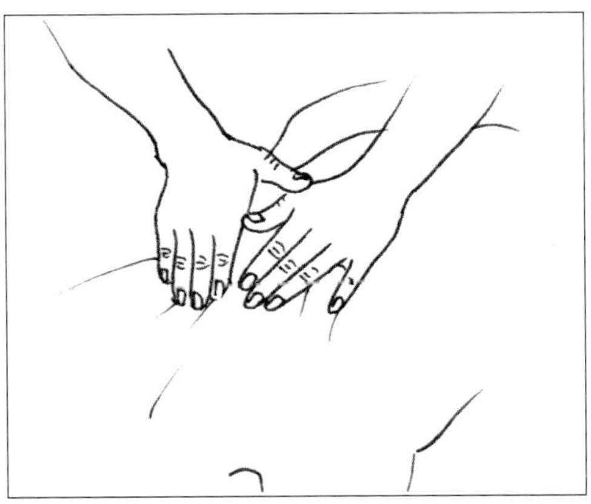

⑫ 등근육 떨어주기(vibration)

손을 등에 밀착시키고 경추에서 천골까시 기립근을 떨어준다.

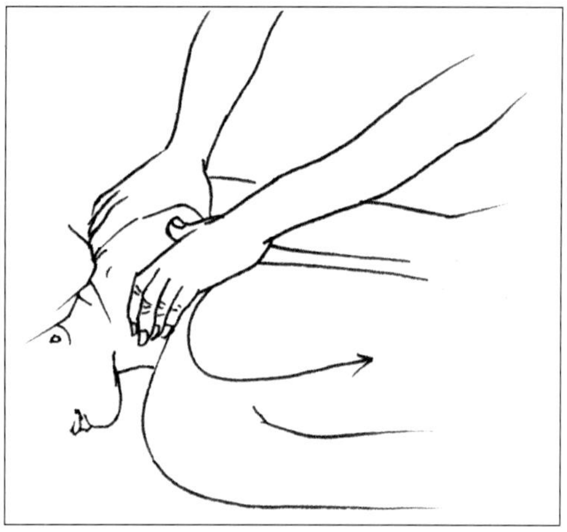

⑬ 등의 상부 쓰다듬기(effleurage)

양 손을 이용하여 등의 상부의 삼각근과 후두부 부위를 천천히 쓰다듬는다.

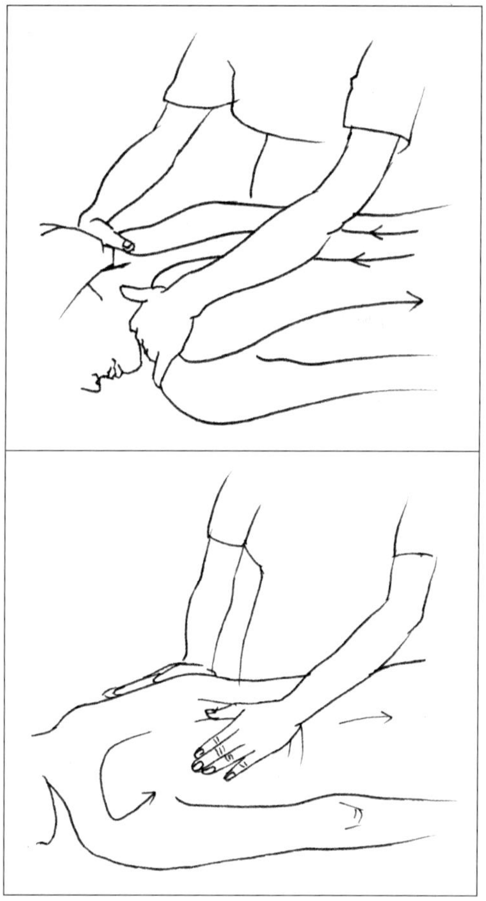

⑭ 등 전체 쓰다듬기(effleurage)

천골에서부터 경추를 따라 견갑골을 쓰다듬고, 다시 천골까지 천천히 쓰다듬는다.

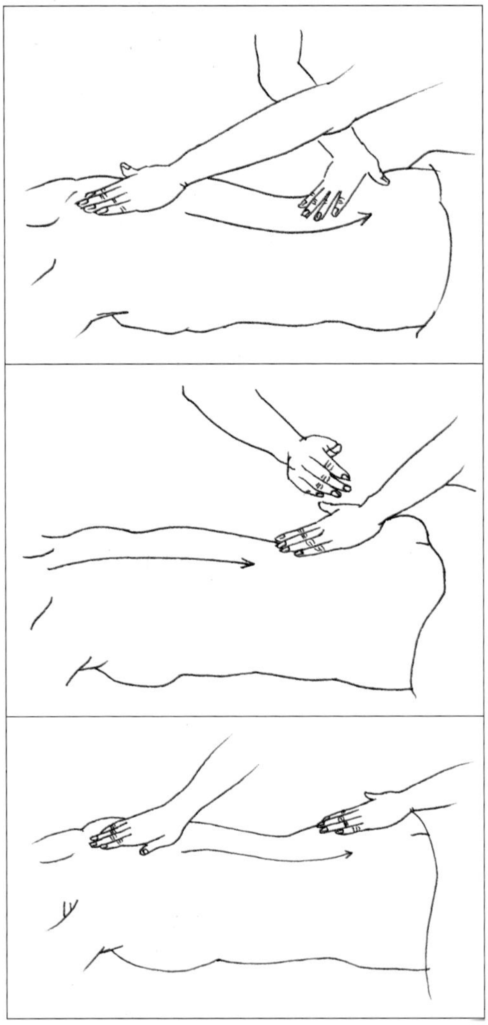

⑮ 척주 쓰다듬기(effleurage : stroking)

오른손은 경추 왼손은 요추부위에 손을 올려 놓고 오른손과 왼손으로 번갈아가며 경추에서 척주까지 쓰다듬는다.

(7) 둔부 부위의 마사지

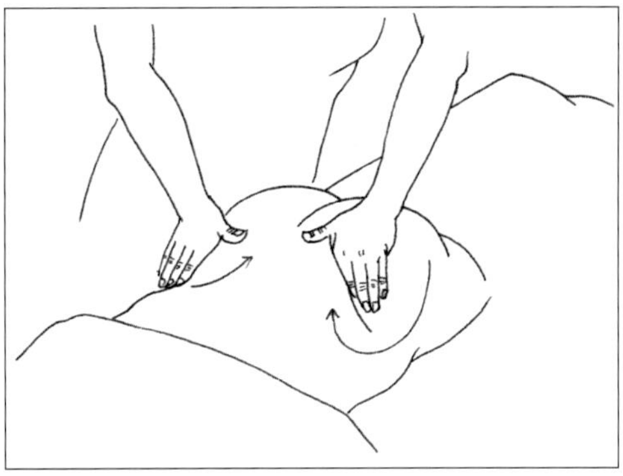

① 둔부 쓰다듬기(effleurage)

양 손으로 엉덩이의 아래쪽에서 옆쪽, 천골까지 큰 원을 그리며 쓰다듬는다.

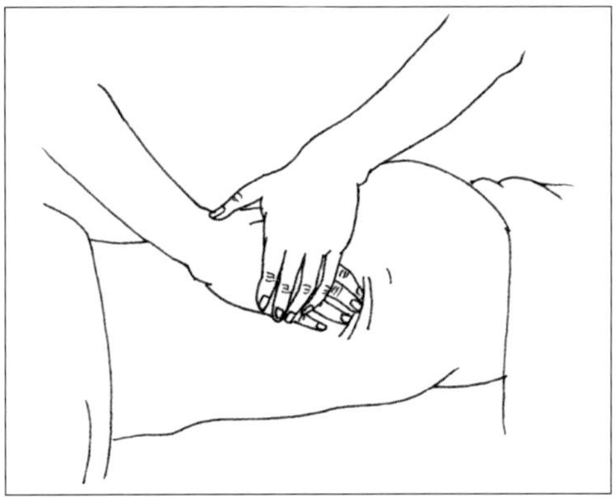

② 둔부 문지르기(friction)

양 손을 포개어 왼쪽과 오른쪽 엉덩이를 번갈아가며 위에서 아래 사선으로 적당한 압을 주면서 문지른다.

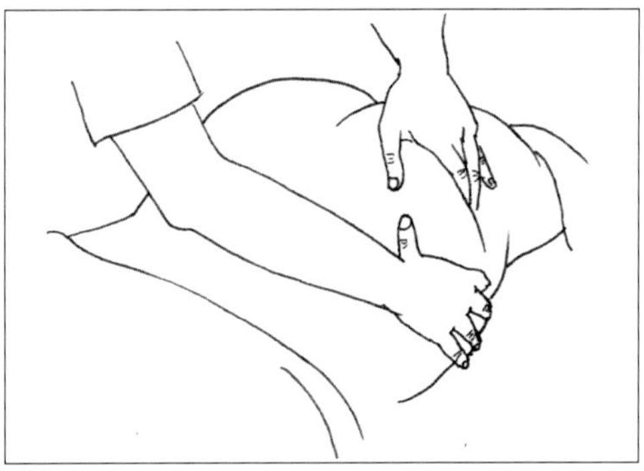

③ 둔부 문지르기(wringing)

한쪽 엉덩이를 양손으로 잡고 아래에서 위 방향으로 사선으로 짜듯이 비틀어 문지른다.

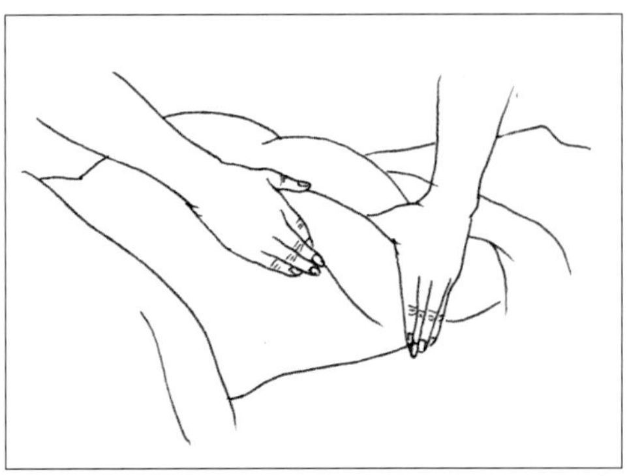

④ 둔부 문지르기(wringing)

한쪽 엉덩이를 양손으로 잡고 위에서 아래 방향으로 사선으로 짜듯이 비틀어 문지른다.

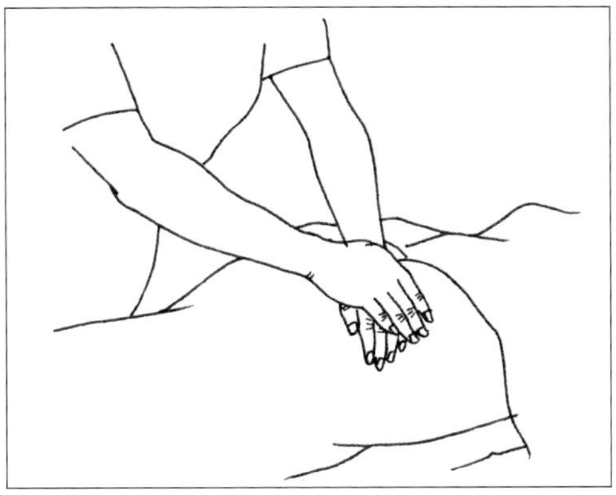

⑤ 둔부 엉덩이 두드리기(cupping)

양 손을 포개어 컵 모양을 만들어 한부위씩 두드린다.

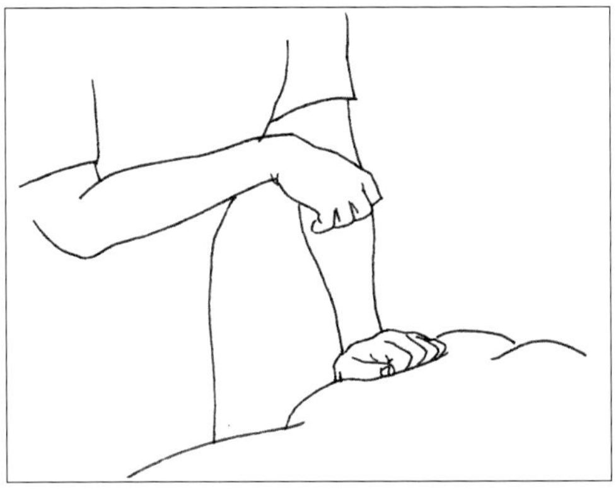

⑥ 둔부 두드리기(beating)

양 손을 가볍게 주먹을 쥐어 한 부위씩 두드린다.

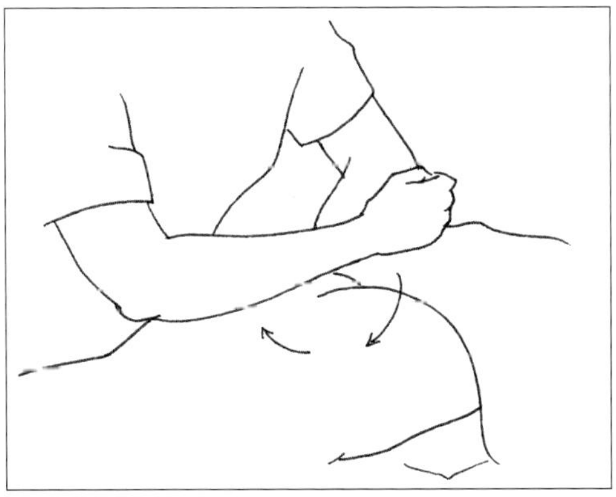

⑦ 둔부 두드리기(beating : pounding)

양 팔을 교차하여 가볍게 주먹을 쥐어 양쪽 엉덩이를 두드린다.

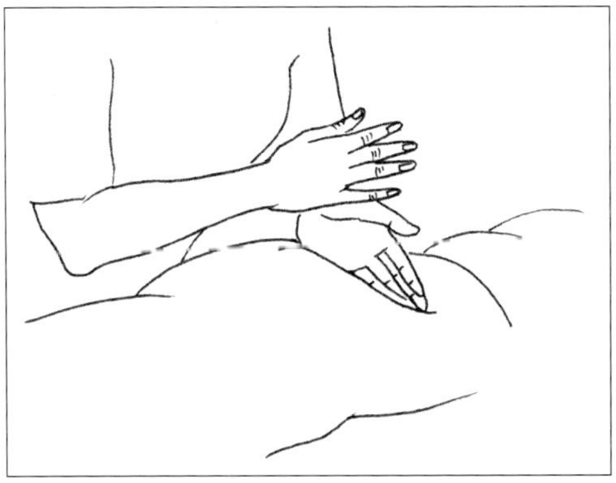

⑧ 둔부 두드리기(hacking)

양 손의 측면을 이용하여 한 부위씩 두드린다.

(8) 마무리 동작

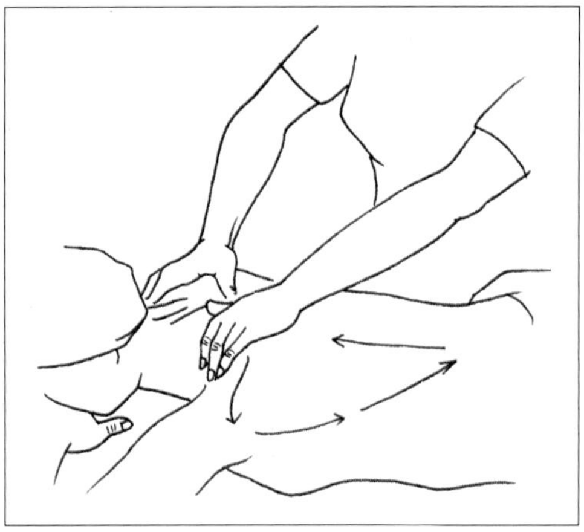

① 전체 쓰다듬기(superfical effleurage)

마사지 동작이 끝난 후 마사지한 부위 전체를 쓰다듬는다.

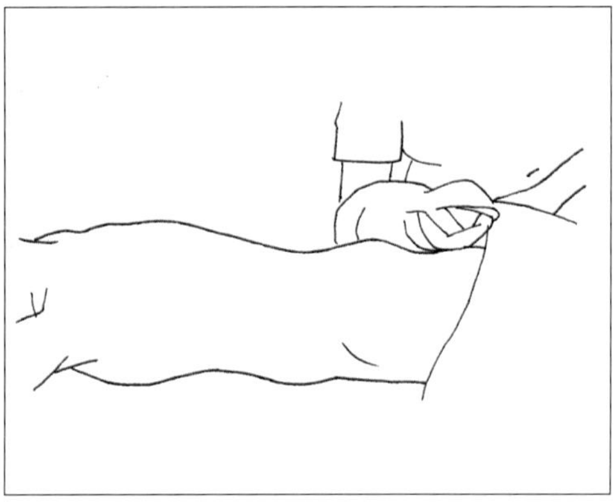

② 습포로 닦아내기

마사지 후 타월을 이용하여 마사지 오일 등을 제거한다.

5 체형관리와 기기

학습목표

1. 체형관리에 사용되는 기기의 종류와 기능을 알 수 있다.
2. 기기의 사용 목적과 효과를 알 수 있다.
3. 올바른 기기의 사용법을 알고 실제 적용할 수 있다.

1. 체형관리 기기의 종류

체형관리를 할 때 기기의 활용은 체형분석 및 관리의 효과를 높이기 위해 사용된다. 체형관리 기기는 목적 및 단계에 따라 다양하며, 기기의 원리를 정확하게 알고 사용하여야 한다. 또한 사용 전 구매회사의 사용 매뉴얼을 반드시 숙지하여야 한다. 체형관리 기기는 크게 전기기기와 열기기, 운동기기로 분류할 수 있다.

표 5-1. 체형관리 단계에 따른 기기의 분류

관리단계	사용기기
체형분석	체지방 측정기, 체중계, 신장계, 캘리퍼, 줄자
각질제거, 발열작용	원적외선(사우나 건식, 아로마 습식)
셀룰라이트, 부종관리	고주파, 석션, 바이브레이터, 엔더몰러지
탄력, 리프팅 관리	중 · 저주파
지방분해, 운동관리	초음파, 중 · 저주파, 엔더몰러지

표 5-2. 체형관리 목적에 따른 기기의 분류

관리목적	사용기기
열요법	원적외선기, 사우나건식, 아로마 습식, 고주파기기
미세전류요법	초음파기기, 저주파기기, 중주파기기
운동요법	운동요법기기, 플레이트, 바이브레이터, 중 · 저주파기기

2. 체형관리 기기의 종류 및 특징

1) 사우나 & 원적외선 기기(Sauna & Far Infrared Rays)

사우나는 심부에 열을 전달하고, 발한 작용을 유도하여 노폐물 배출 및 체중감량을 목적으로 사용된다. 그 종류로는 원적외선 사우나, 건식, 습식 사우나가 있다.

(1) 효 과

- 신진대사 촉진
- 체중조절 및 비만예방
- 피부 탄력 및 슬리밍 효과
- 지방세포 분해, 셀룰라이트 방지
- 자율신경 조절
- 발한작용, 노폐물 배설 효과
- 림프드레니쥐 효과
- 조직 재생

(2) 적용 방법

- 사우나에 입실 전 사우나의 전원을 켜고, 미리 원하는 온도와 시간을 선택하여 맞추어 놓는다(사우나의 예열 시간은 약 5~7분).
- 입실 전 약간의 물이나 과일 주스를 마신다.
- 예열이 완료된 후에 입실한다(의자에 눕는 것보다 앉아 있기를 권한다).
- 입실 후 10~15분이 경과하면 땀이 배출되고, 지속적으로 땀을 배출하기 위해서는 사우나 온도를 최소 40℃ 이상으로 유지하여야 한다.

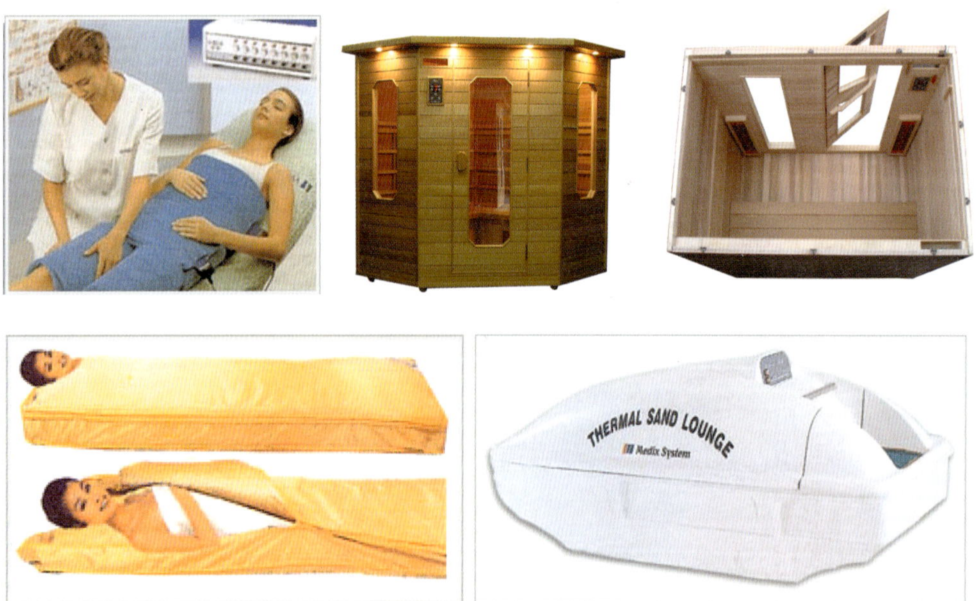

그림 5-1. 원적외선 기기

그림 5-2. 사우나의 발달사

(3) 적용 금지 대상

- 열이 많은 사람
- 만성적인 병을 가지고 있는 사람(고혈압, 간질, 당뇨 등)
- 생리중, 임신중이거나 출산 직후인 사람

(4) 주의 사항

심혈관 질환자, 고온상태가 본인의 몸에 맞지 않는 경우에는 온도 및 시간을 조절한다.

2) 림포지(Lymphatic drainage)

림포지는 림프 배농을 목적으로 개발되었으며, 림프 순환 시 림프를 심장 수축과 동시에 배출하기 위해 매 10초 간격으로 맥박을 체크하여 맥박에 맞춰 기기가 작동된다. 압력은 30~33㎜Hg를 정확히 맞춰서 관리하여 효과적으로 림프배농을 할 수 있다. 이 기기는 림프 배농(lymph drainagc) 기술의 3대 요소인 맥박수, 정확한 압력, 배출 방향을 최대한 고려한 순환기기이다. 또한 림프 배농기는 신체 부위에 따라 크기가 다른 유리관(벤도우제)을 사용하여 일정한 압력으로 두드리(patter)는 원리에 의해 림프배농을 촉진시키는 것도 사용한다.

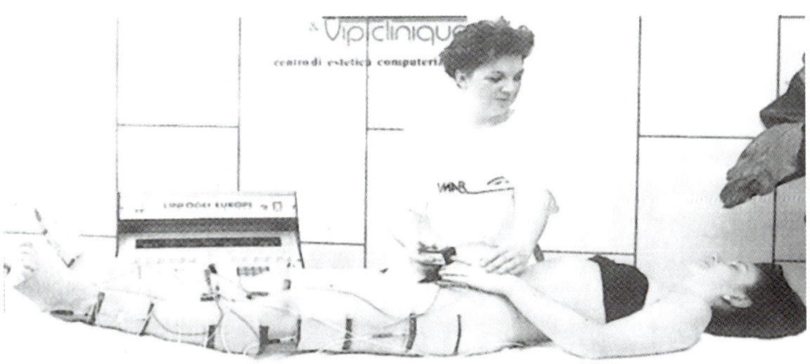

그림 5-3. 림포지

(1) 효 과

- 림프 순환을 10~20배 빠르게 촉진
- 혈액 내 노폐물 배출
- 세포 및 조직 재생력 강화
- 셀룰라이트 및 부종관리

(2) 적용 방법

- 림프순환 장애에 의해 발생된 비만은 림프순환 관리를 먼저 실행한다.
- 림포지를 사용할 때 반드시 정확한 림프절에 스펀지를 놓아야 한다.
- 고객의 근육 상태 및 림프정체 정도에 따라 압을 조절한다.
- 관리 시 귀금속이나 부착물은 착용하지 않는다.
- 림포지 관리 후 고객에게 물을 권한다.
- 하루 1.5ℓ 이상의 수분을 섭취할 수 있도록 하며, 가급적 염분이 제한된 음식을 권한다.

(3) 적용 금지 대상

- 인공 심장기를 부착하고 있는 사람
- 체내에 금속 삽입물을 가진 사람
- 악성종양, 암, 급성염증, 혈전증, 갑상선 비대증, 기관지 천식을 앓고 있는 사람
- 과거에 암에 걸려 치료를 받았던 사람

(4) 주의 사항

- 기기 작동 중에는 이물질이 떨어지지 않도록 주의한다.
- 작동이 잘못되었을 경우에는 'STOP' 키를 누르고 다시 작동한다.

Key - Point

림프드레니쥐의 올바른 방향

1) 1차적으로 림프배농은 심장에서 가까운 부위의 림프관을 먼저 배농시키는 것이 노폐물의 이동을 쉽게 한다.
2) 1차 림프배농 후에는 신체의 림프절과 림프관의 흐름에 따라 림프순환 관리를 하여야 한다.

- 얼 굴 : ① 림프 1차 배농 : 뒷머리 → 목 → 안면
  ② 림프순환 : 안면 → 목
- 체형관리 : ① 림프 1차 배농 : 목 → 겨드랑이 → 손바닥 → 허벅지의 서혜부 → 무릎 뒤 → 발바닥
  ② 림프순환 : 발바닥 → 무릎 뒤 → 허벅지의 서혜부 → 손바닥 → 겨드랑이 → 목
- 하체관리 : ① 림프 1차 배농 : 서혜부 → 허벅지 → 무릎 → 발바닥
  ② 림프순환 : 발바닥 → 무릎 → 허벅지 → 서혜부
- 상체관리 : ① 림프 1차 배농 : 목 → 겨드랑이 → 등뒤(견갑골 쪽) → 팔관절 → 손바닥
  ② 림프순환 : 손바닥 → 팔관절 → 등뒤(견갑골 쪽) → 겨드랑이 → 목

3) 저주파 기기

저주파 기기는 저주파(1~1,000Hz 이하) 전류를 이용한다. 즉, 근육에 전기 자극을 줌으로써 근육을 운동시켜 셀룰라이트 분해 및 지방연소를 촉진하는 것이다.

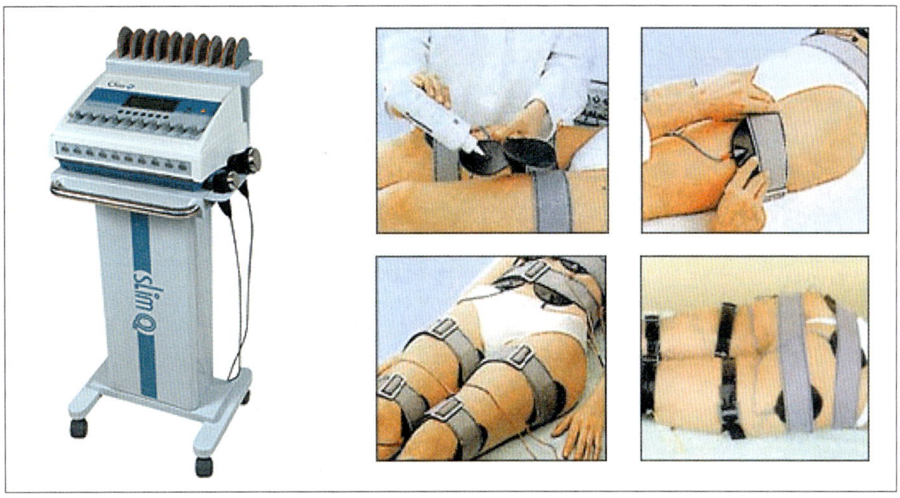

그림 5-4. 저주파기

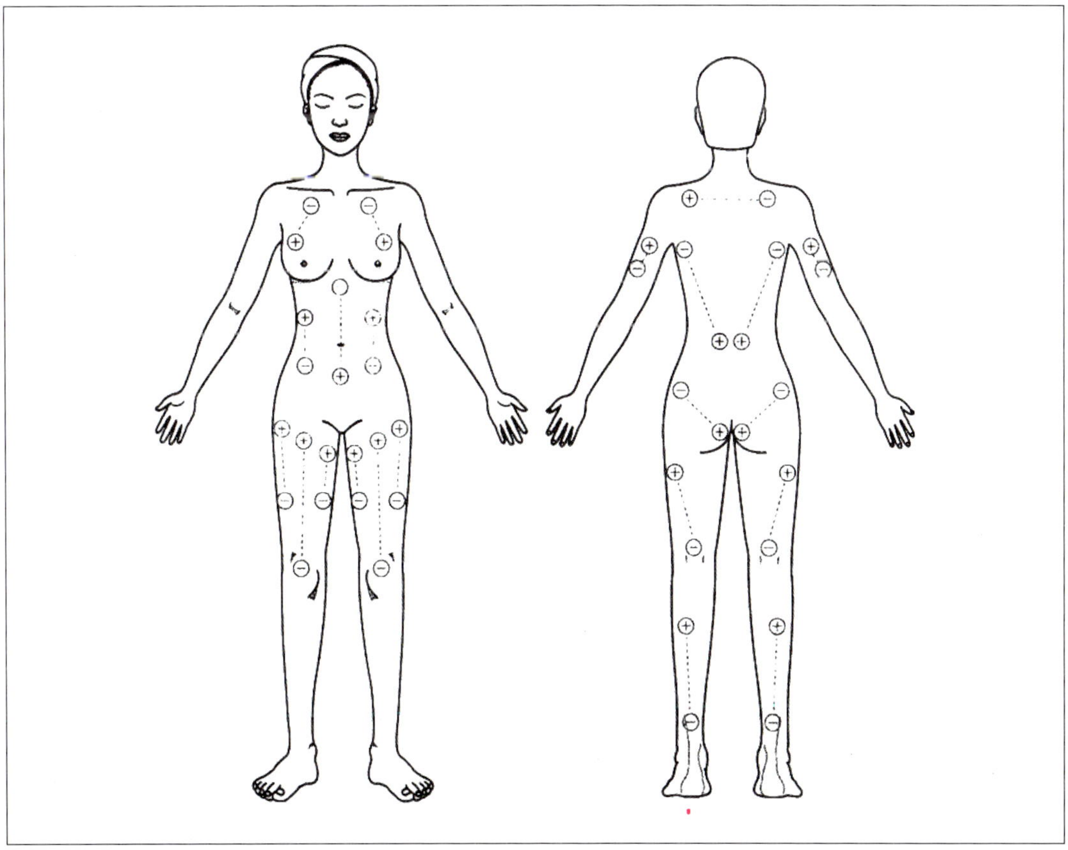

그림 5-5. 근육 패딩법

(1) 효 과

- 탄력관리
- 신체 사이즈 감소, 체중감소
- 신체 부위별 슬리밍 및 퍼밍 관리

(2) 적용 방법

- 저주파기는 신체부위별로 적용하며, 가장 문제가 되는 신체부위부터 집중관리 한다.
- 탄력강화를 목적으로 사용할 때는 600Hz로 관리한 후 400Hz로 적용한다.
- 초기 관리에는 전기 자극을 약하게 적용하며, 그 강도를 서서히 높인다.
- 효과적인 관리 방법은 15분 미만으로 적용하고, 주 3회가 적당하다. 또한 10회 이상 지속적으로 관리해야만 효과를 얻을 수 있다.

(3) 적용 금지 대상

- 인공 심장기를 부착하고 있는 사람
- 체내에 금속 삽입물을 가진 사람
- 임산부 및 임신 가능성이 있는 사람
- 자궁 내 물혹이나 근종이 있는 경우
- 관리하려는 부위에 실리콘이나 기타 삽입물을 가진 사람

(4) 주의 사항

- 패드는 정확한 근육 위치에 부착한다.
- 스펀지에 적당한 물을 적신다.
- 집중 관리를 할 때 격일제로 관리한다.
- 관리 30분 전·후에는 식사를 하지 않는다.
- 고객과 관리사는 악세사리 부착을 금지한다.

4) 중주파 기기

중주파 기기는 중간 주파수 4,000~4,500Hz(2,000~2,500Hz) 범위의 전류를 이용하는 것으로 저주파와 달리 근육의 통증 없이 자극하는 기기이다. 또한 자극이 부드럽고 특정한 부위뿐만 아니라 넓은 부위의 심부까지 관리가 가능한 기기이다.

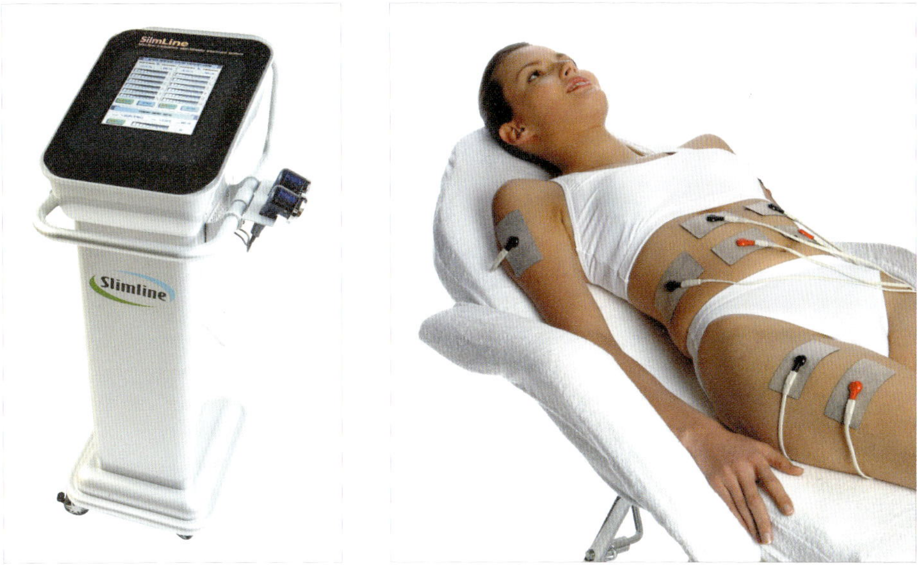

그림 5-6. 중주파기

(1) 효 과

- 근육의 탄력 강화
- 림프 및 혈액순환 강화
- 셀룰라이트와 부종 관리

(2) 적용 방법

- 중주파의 강도는 고객의 의견을 수렴하면서 조절한다.
- 강도의 상향 조정은 시계 방향으로, 하향 조정은 시계 반대 방향으로 서서히 조정한다.

(3) 적용 금지 대상

- 혈전성 정맥 질환자
- 열이 있는 환자
- 임산부 및 임신 가능성이 있는 자
- 신경질환, 간질, 심한 림프 장애를 동반한 자
- 외부상처, 암이나 종양이 있는 자

(4) 수의 사항

- 기기 작동 시 강도 조절기가 '0' 인 상태에서 작동시킨다.
- 강도의 세기는 고객의 상태에 따라 서서히 조절한다.

5) 고주파 기기

고주파 기기는 열을 심부에 투과시켜 조직의 온도를 상승시키는 온열요법으로 사용한다. 따라서 고주파 기기를 심부투열, 심부가열이라고 한다.

(1) 효 과

- 열 효과
- 조직의 온도 상승 및 세포기능 증진
- 지방 연소, 셀룰라이트 감소
- 등 관리 : 근육 통증 완화
- 복부 관리 : 혈액순환 및 림프순환 촉진, 독소배출 및 내장지방 감소
- 하체 관리 : 부종해소, 슬리밍 효과

(2) 적용 방법

- 플레이트 또는 전극봉을 몸에 밀착시킨다.
- 제품을 도포한 후 전원을 서서히 켜 마사지를 실시한다.

(3) 적용 금지 대상

- 임산부
- 맥박이상, 인공 심장기 부착한 자
- 전기에 민감한 자
- 저혈압, 고혈압 환자
- 혈전증, 정맥류, 수술직 후, 치아 내 보철을 한 자

(4) 주의 사항

고주파 관리는 고객이 열감을 심하게 느낄 수 있으므로 강도를 확인하면서 적용한다.

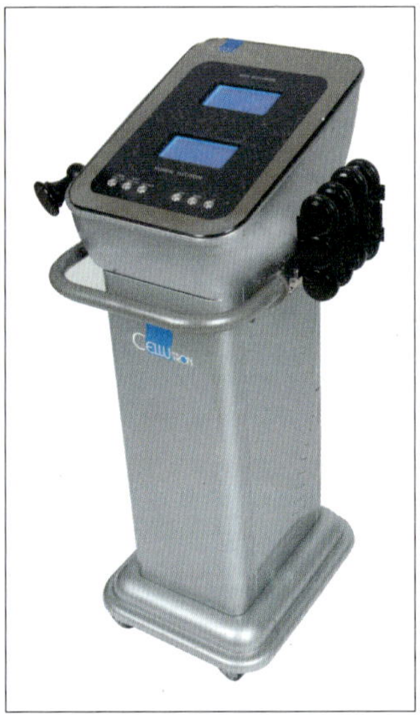

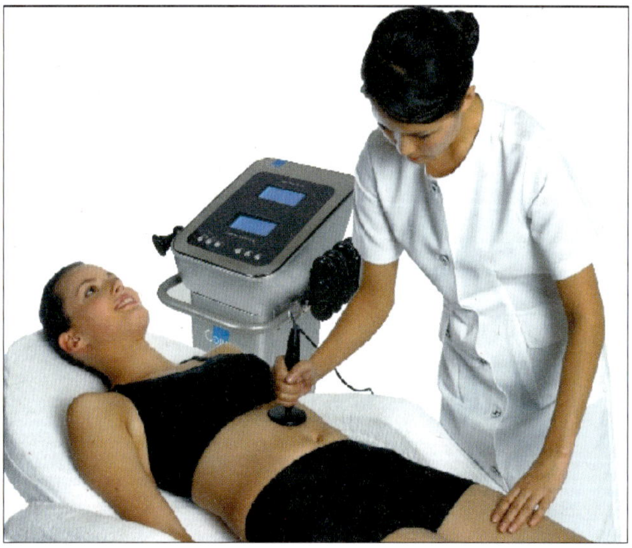

그림 5-7. 고주파기

6) 초음파 기기

초음파의 진동은 분자간의 마찰에 의해 열을 발생시키고, 피부의 온도를 약 1℃ 정도 올려줌으로써 혈액순환 및 신진대사 기능을 촉진시킨다. 또한 셀룰라이트 및 지방을 분해시키는 기기이다.

(1) 효 과

- 신진대사 촉진
- 체형관리
- 온열효과에 의한 셀룰라이트 및 지방분해

(2) 적용 방법

- 초음파 기기 전용젤을 바디용 무브 전극에 도포한 후, 전원 스위치를 켜고 바디 보드를 선택한다.
- 강도와 사용 시간을 설정한 후 시작 버튼을 누른다
  (복부 : 20분, 힙 : 15분, 팔 : 10분, 대퇴부 : 15분, 종아리 : 15분).
- 강도는 고객의 상태에 따라 수시로 조절할 수 있다.

(3) 적용 금지 대상

- 염증이나 상처부위가 있는 자
- 인공 심장기 부착한 자
- 혈전증, 심장 질환자
- 전염성 피부질환이 있는 자
- 신체에 금속을 삽입한 자

(4) 주의 사항

- 초음파 프로브(probe) 및 피부에 물, 화상수, 전달 매개물인 겔을 도포한다.
- 뼈나 관절 부위는 적용하지 않는다.

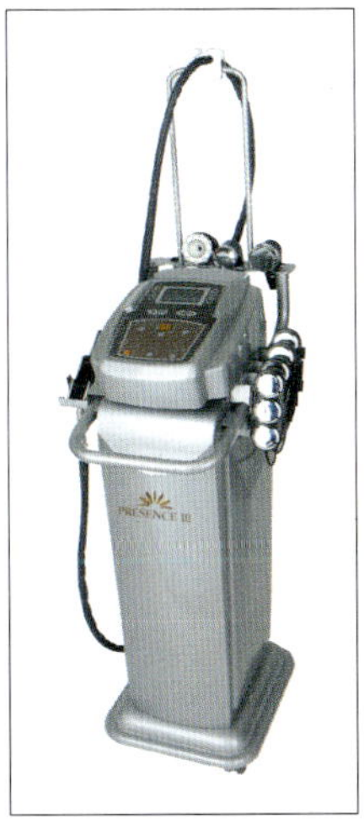
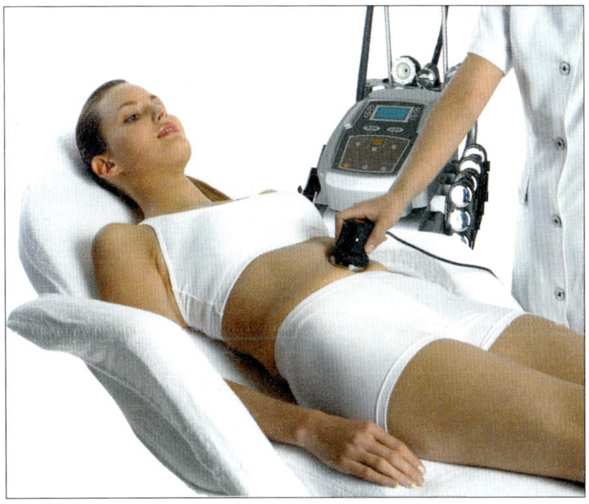

그림 5-8. 초음파 기

7) 엔더몰러지(Endermologie)

엔더몰러지는 프랑스의 공학자인 Louis Paul Guitay가 80년대 초 손으로 하는 마사지와 같은 효과를 내는 기기를 개발하였고, 이를 엔더몰러지(Endermologie)라 하였다. 엔더몰러지는 음압(흡입 : suction)과 양압(굴리기 : rolling)의 원리를 이용하여 '피부를 당겼다 놨다'를 반복함으로써 피부에 물리적인 자극을 주어 지방을 분해하는 기기이다. 즉, 지방세포를 둘러싸고 있는 이상 섬유질의 엉김을 풀어주고, 혈액과 림프의 순환을 촉진시키고, 셀룰라이트 감소효과를 얻을 수 있는 기기이다.

(1) 효 과

- 셀룰라이트 분해
- 지방 분해
- 피부탄력 강화
- 혈액순환 및 신진대사 촉진
- 신체내의 독소 및 노폐물 배출

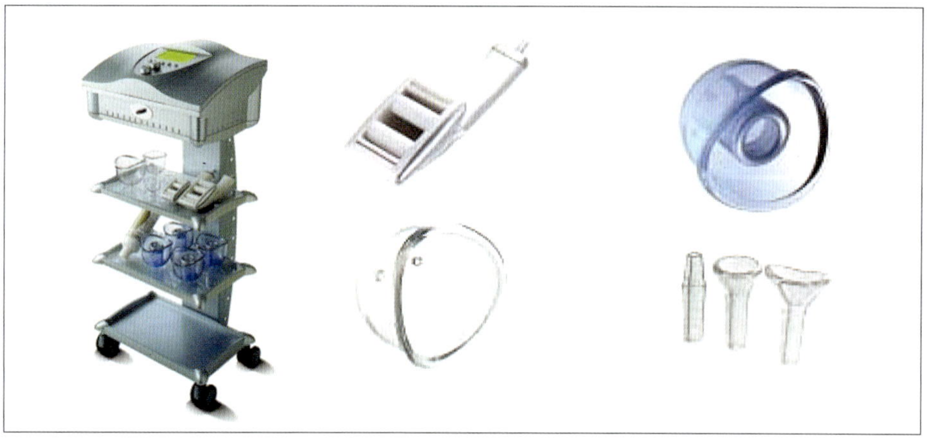

그림 5-9. 엔더몰러지

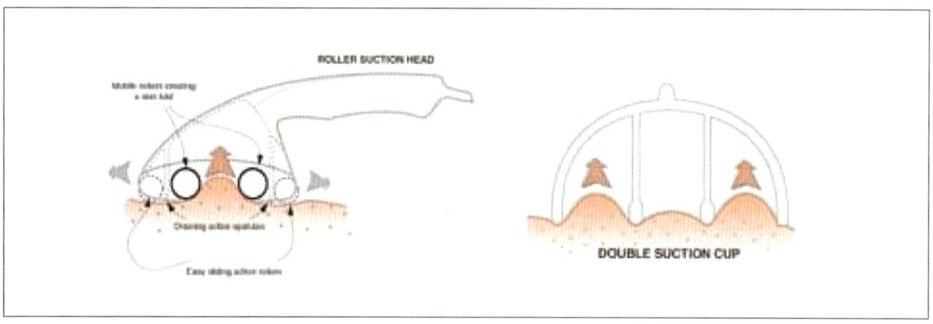

그림 5-10. 엔더몰러지기 원리

(2) 적용 방법

- 체형관리용 제품과 엔더몰러지를 함께 적용하면 효과를 더 높일 수 있다.
- 관리방향은 말초에서 심장 방향쪽으로 실시한다.
- 전신 체형관리 시간은 약 40~50분 정도로 하며, 주 2~3회 실시하는 것이 바람직하다.

(3) 적용 금지 대상

- 염증이나 상처부위가 있는 자
- 피부가 민감한 자
- 일광화상
- 임산부

(4) 주의 사항

- 뼈 있는 부위, 정맥류, 모세혈관 부위는 피한다.
- 압의 세기, 적용방향을 주의한다.
- 유분 및 염분이 함유된 제품을 제한한다.

8) 진공 흡입기(Suction, Vaccum Machine)

진공 흡입기는 유리컵(벤도우제)을 사용하여 피부를 흡입하는 원리를 적용하는 것이다. 이는 혈액순환 및 림프배농을 높여 체형을 관리해 주는 기기이다.

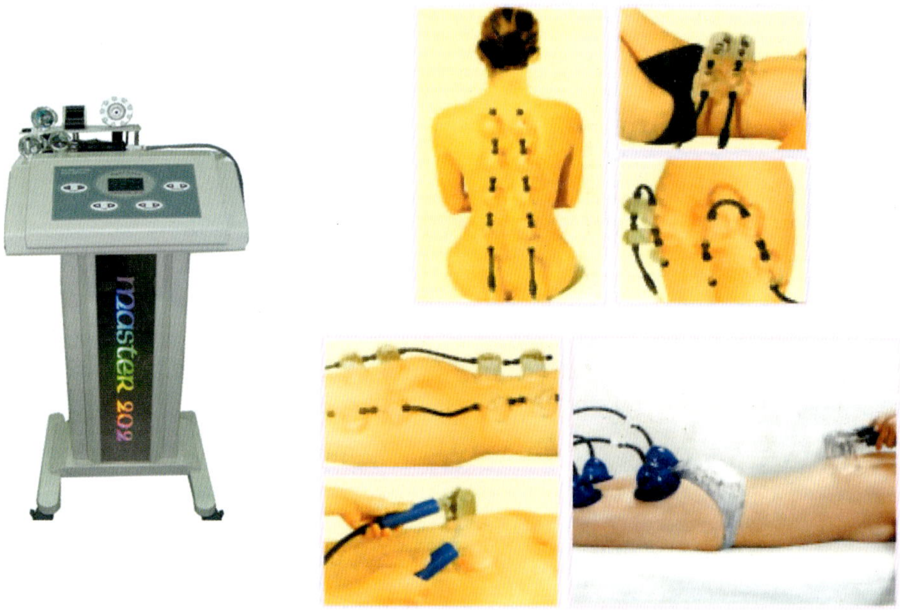

그림 5-11. 진공 흡입기

(1) 효 과

- 림프순환 및 노폐물 배출
- 지방제거 및 셀룰라이트 분해
- 부종 완화
- 경직된 근육이완

(2) 적용 방법

- 관리 부위에 적절한 컵을 선택한다.
- 따뜻한 오일을 관리 부위에 전체 도포한다.
- 흡입기를 사용하기 전 손가락이나 손바닥을 이용해 컵의 압력을 체크한다.
- 림프의 순환 촉진 : 컵 안의 압력 20%
- 혈액의 순환 촉진 : 컵 안의 압력 50%

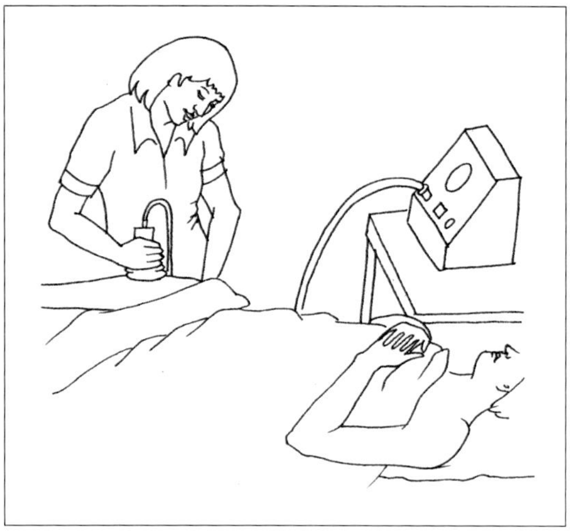

- 처음 사용 시 낮은 압력에서 시작하여 점차 압력을 늘려나간다.
- 컵을 잡고 피부에 접촉 시킨 후 뒤에서 앞으로 리듬감 있게 움직인 후 피부를 들어 올리듯이 컵을 들어 올리며 림프절의 방향으로 이동한다.

(3) 적용 금지 대상

- 모세혈관 확장 피부
- 민감성 피부
- 심한 여드름 환자
- 피부염증이나 피부병이 있는 자
- 일광화상
- 정맥류가 있는 자
- 탄력 저하된 피부

(4) 주의 사항

- 신체의 한 부위에만 집중 관리하지 않는다.
- 림프 정체가 심한 부위에는 지나친 자극을 피한다.

(5) 실제 응용 방법

① 복부관리

- 복부관리는 배꼽을 중심으로 위와 아래로 나누어 관리한다.
- 먼저 배꼽 위는 정중선으로 나누어 흡입 컵을 배꼽에서 허리 옆선으로 횡격막 방향을 따라 이동한 후 천천히 짧게 끊어서 허리에서부터 액와 림프절까지 밀어 올려준다.
- 배꼽 아래는 위에서 아래로 서혜부 림프절을 향하여 내려준다.
- 이때 복부 아래 부분은 천천히 여러 부분으로 나누어서 내려준다.

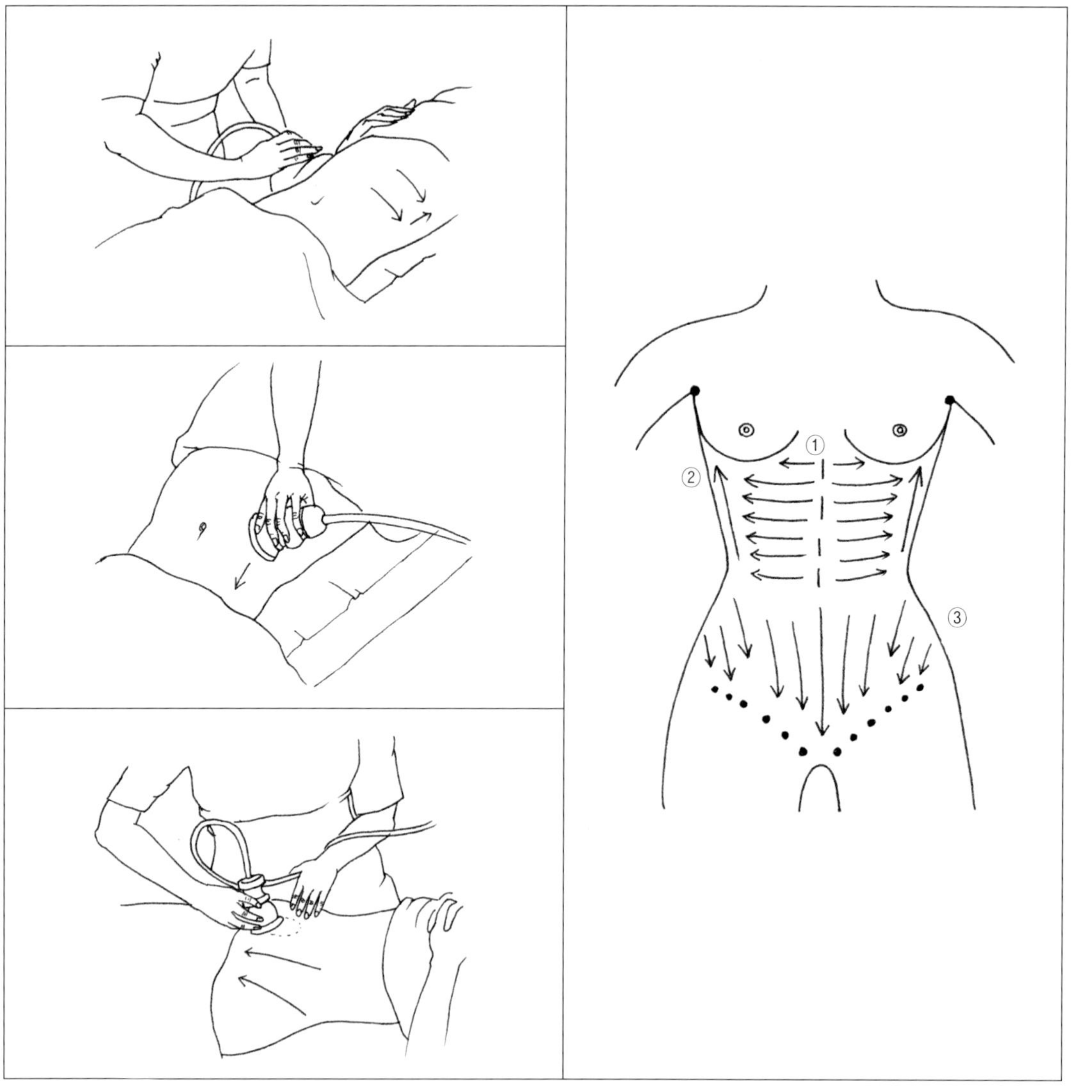

② 엉덩이와 대퇴부 측면 관리

- 엉덩이 부위는 큰 컵을 사용하여 빠르게 한번에 밀어 올려준다. 이는 지방이 축적된 부위에 자극을 주면서 리프팅 효과를 얻을 수 있다.
- 대퇴부 측면 부위 : 대퇴부 측면을 뒤쪽 아래에서 사선으로 대퇴부 위쪽을 향하여 서혜부 방향으로 밀어 올려준다(고객은 옆으로 누운 자세).
- 대퇴부 안쪽 부위 : 작은 컵을 사용하여 약한 압으로 서혜부 방향으로 밀어 올려준다(고객은 반듯이 누운 자세).

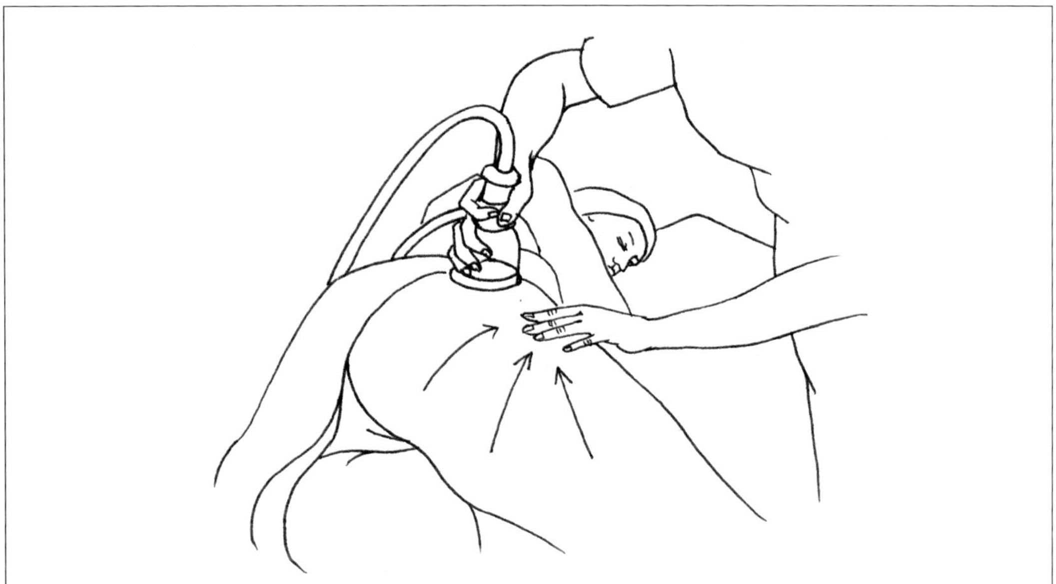

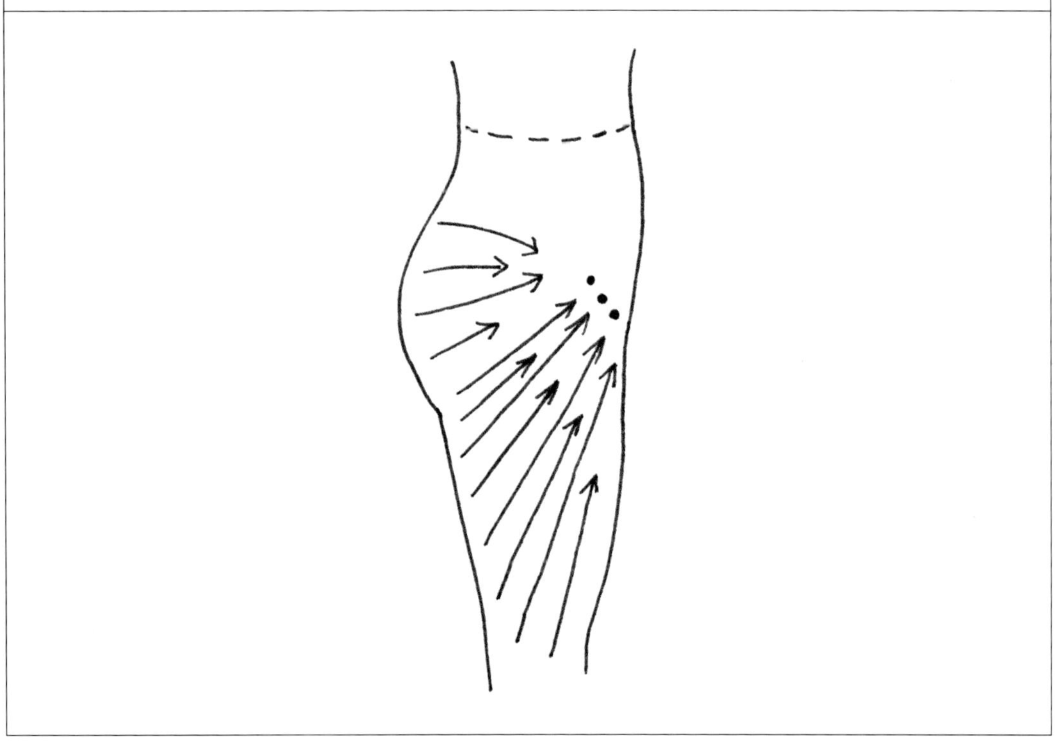

③ 다리관리

- 정강이와 종아리 부위는 작은 컵을 사용하여 앞쪽은 안에서 밖으로 뒤쪽은 밖에서 안으로 아래에서 위를 향하여 밀어준다.
- 대퇴부는 밖에서 서혜부 쪽을 향해 밀어 올려주고 뒤쪽은 가운데에서 양 옆으로 감싸듯이 밀어주고 아랫방향에서 위쪽을 향하여 밀어준다.
- 대퇴부 안쪽은 강한 압을 사용하지 않는다.

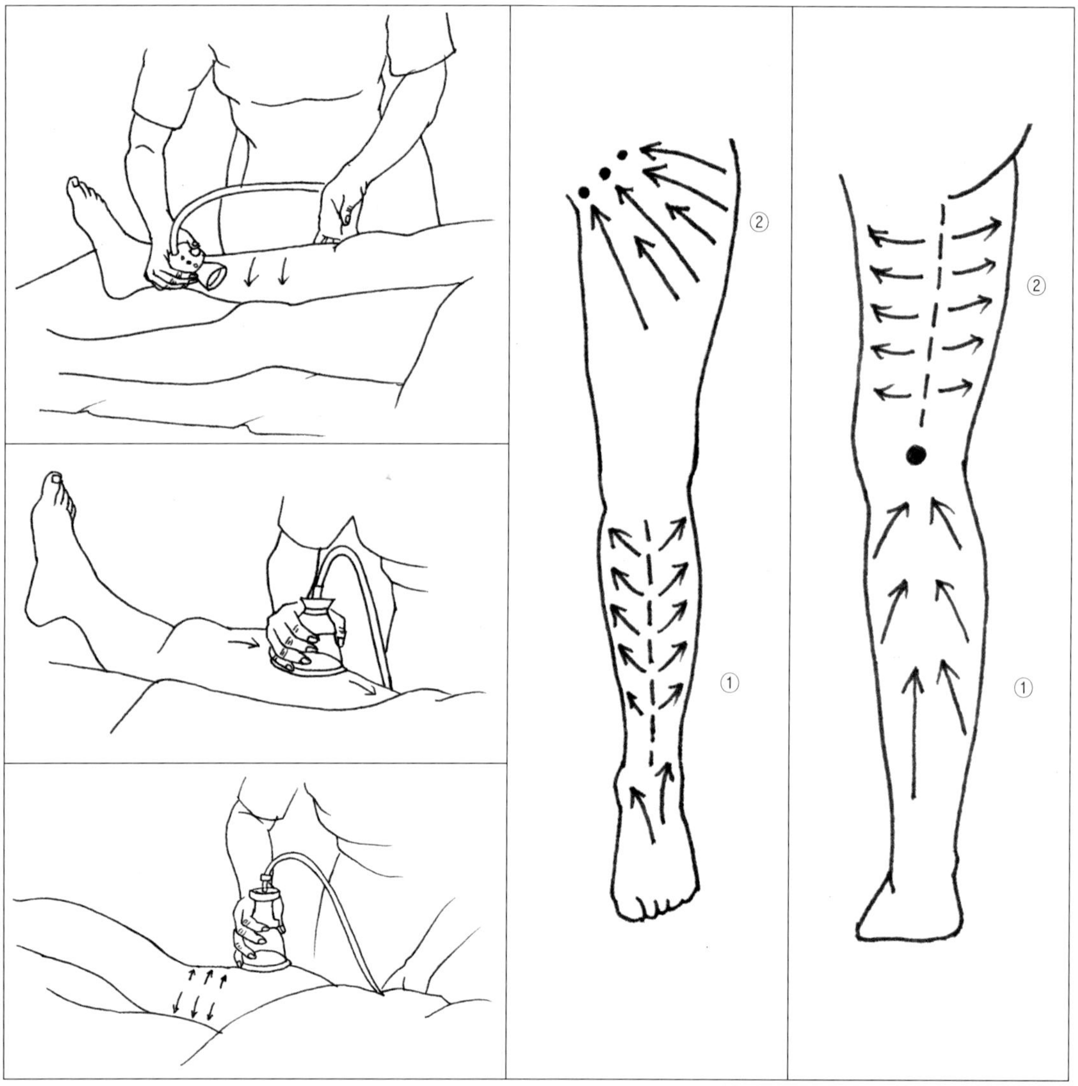

④ 등 관리

- 등 부위는 근육과 피하지방의 상태에 따라 컵의 크기를 선택한다. 등의 중심에서 액와절을 향하여 근육 부위는 길게 밀어 올려주고, 견갑골 부위는 작게 여러번 나누어 밀어준다.
- 승모근 부위는 작은 컵을 사용하여 안에서 밖으로 밀어준다.

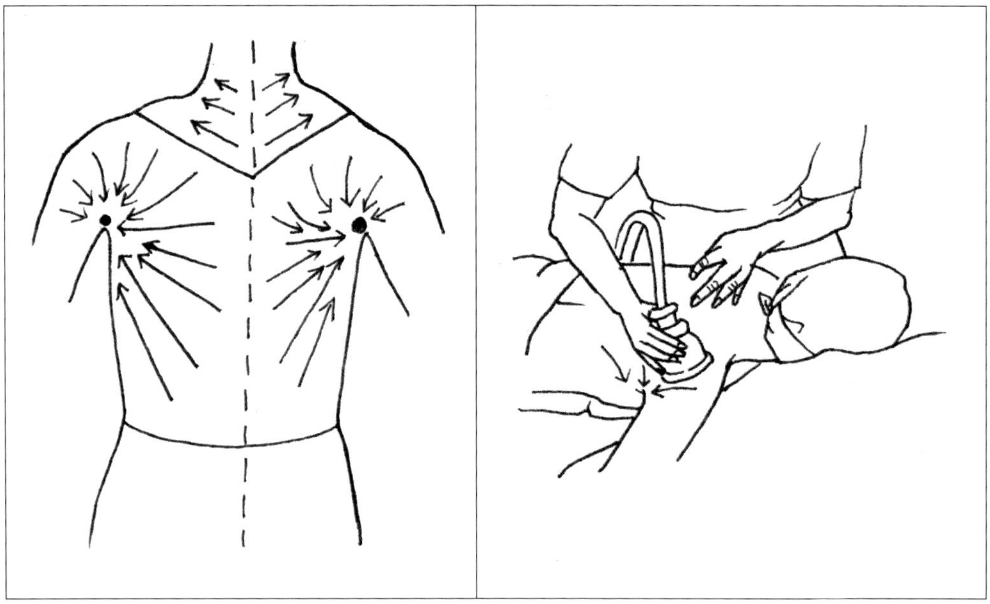

⑤ 팔 관리

- 팔의 뒤쪽 전완부위는 안쪽에서 밖을 향하여 아래에서 위로 밀어 올려주고 상완 부위는 액와를 향하여 안쪽으로 밀어 올려준다.
- 팔의 안쪽 부위는 전완 부위만 밖에서 안쪽으로 밀어 올려준다.
- 손등과 전완 부위는 작은 컵을 사용하고 상완 부위는 중간 크기의 컵을 사용한다.

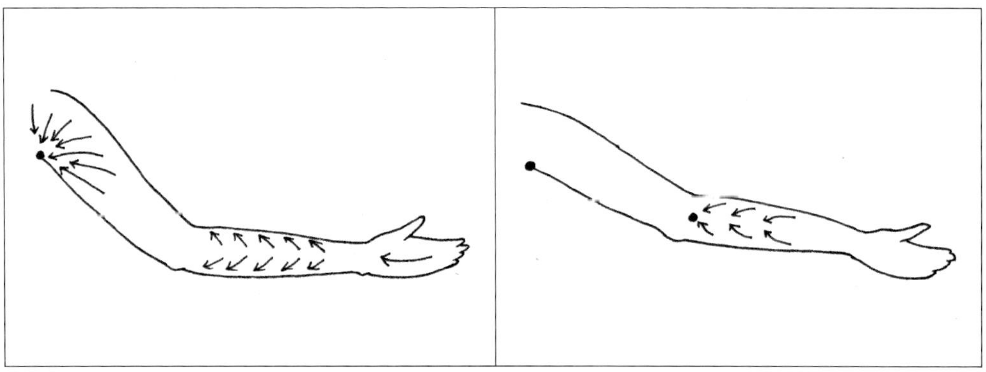

⑥ 엉덩이 관리

- 엉덩이 부위는 지방조직으로 덮여있어 가장 큰 컵을 사용하며, 엉덩이를 양쪽으로 나누어 안쪽에서 바깥쪽으로 감싸 밀어준다. 이때 위에서 아래 방향으로 밀어 서혜부 쪽에서 끝난다.

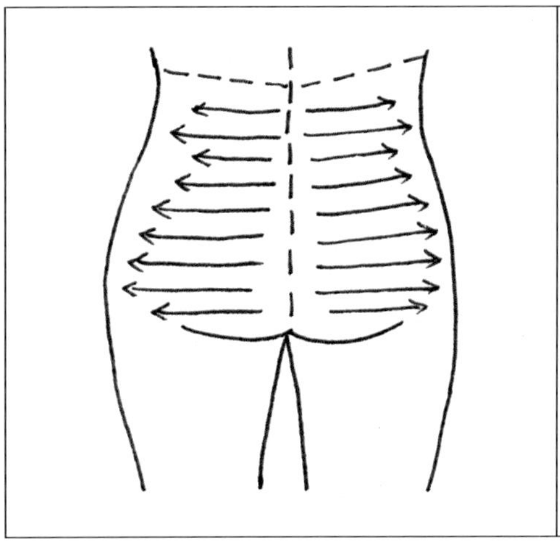

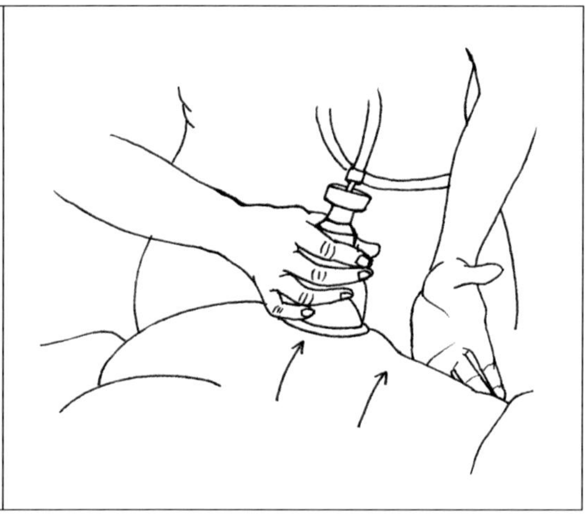

9) 바이브레이터(Vibrator)

바이브레이터는 진동에 의해 혈액순환을 촉진시키는 마사지 기기이다. 주로 체형관리를 위해 많이 사용되며, 근육운동 및 지방분해 효과를 주는 기기이다.

그림 5-12. 바이브레이터기

표 5-3. 바이브레이터기 헤드 종류

헤드 종류	효 과
원형, 곡형 스펀지	쓰다듬기(effleurage)
1봉	문지르기(friction)
2, 4봉	반죽하기(petrissage)
고무 브러시	두드리기(tapping, tapotement)
전체	진동하기(vibration)

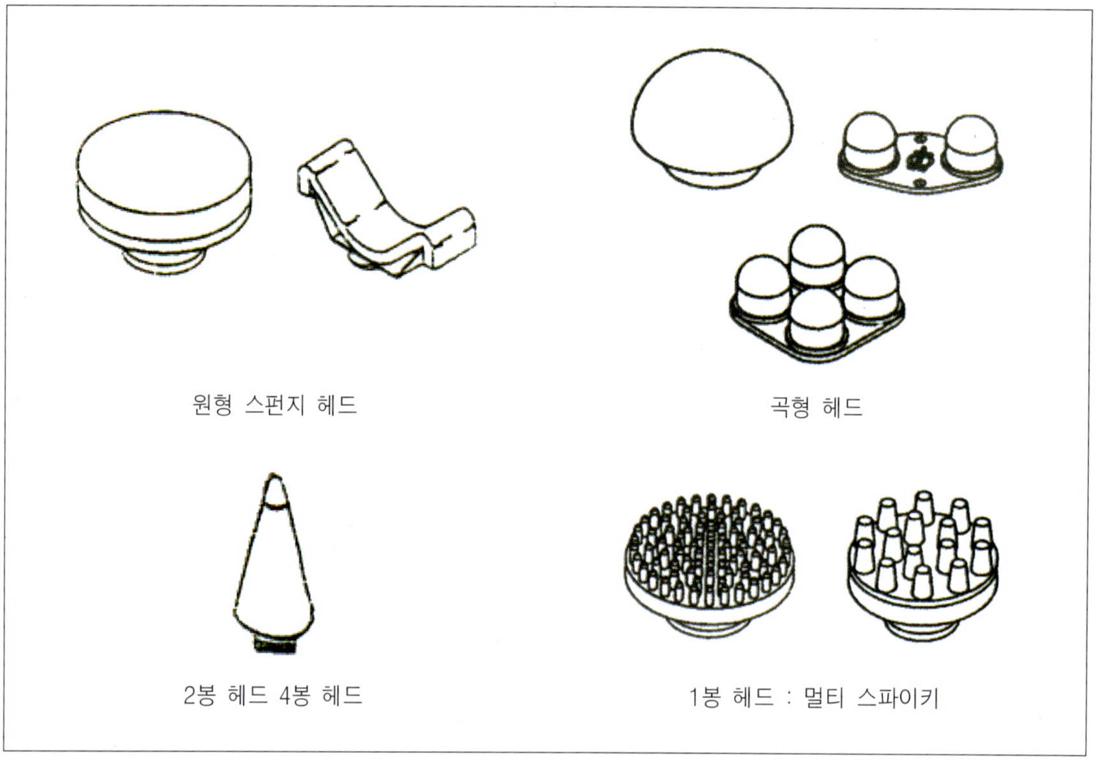

그림 5-13. 바이브레이터 헤드

표 5-4. 바이브레이터기 사용방법

부속종류	신체부위	마사지 방법	진동수 선택
원형 스펀지	얼굴	회전	30~40
	가슴	스트레이트	20~30
	전신	회전	30~40
브러시	각질제거	회전	40~50
곡형 스펀지	목, 허리	스트레이트	50~60
2봉	등, 척추	회전 또는 스트레이트	30~40
4봉	근육		
1봉	지압	스트레이트	40~50

(1) 효 과

- 근육이완 및 근육통증 해소
- 혈액순환 촉진 및 림프 배농
- 지방분해 및 셀룰라이트 감소
- 체형관리 및 신체사이즈 감소
- 발 관리

(2) 적용 방법

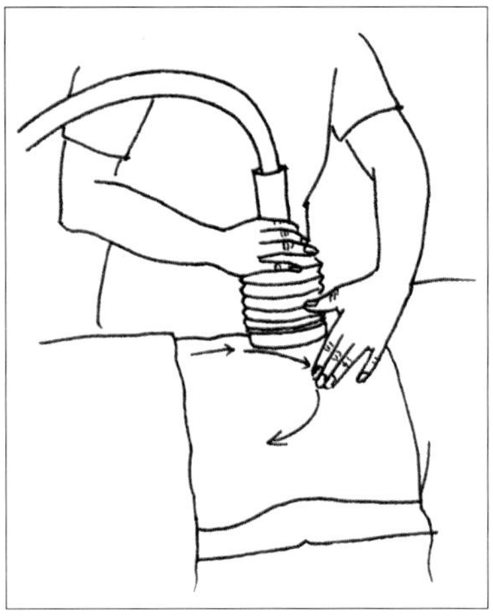

- 일반적인 관리 시 사용하며, 미리 열을 발생(pre-heating)시켜 근육을 이완시킨다.
- 일반 관리 시 고객의 상태에 따라 30~40분 전, 후로 이용하여 관리 시간을 줄일 수 있다.
- 먼저 고객의 피부와 근육을 유연하게 해주기 위해 손을 이용해서 심장을 향하여 쓰다듬기(effleurage ; stroking and long sweeping stroking)를 해준다.
- 근육의 방향을 고려하여 원을 그리듯이 적용하며 평행으로 힘을 가한다.
- 바이브레이터의 표면과 피부 사이의 접촉을 부드럽게 해 주기 위해 스펀지나 부드러운 고무 등의 도구를 사용한다.
- 바이브레이터의 도구는 둥글고 납작한 형태와 다리 표면의 사이즈에 맞는 넓적한 모양 등 다양하다.
- 브러쉬 형태의 도구를 이용해 피부 표면의 원을 그리는 동작은 피하지방이 있는 부위에 사용한다.

(3) 적용 금지 대상

- 모세혈관 확장 피부
- 화농된 상저
- 고혈압, 당뇨병
- 멍든 부위
- 일광화상
- 부종
- 정맥류가 있는 자

(4) 주의 사항

- 고객에게 알맞은 압력으로 관리하여 피부가 손상되지 않도록 한다.
- 뼈가 있는 부위의 시술은 피한다.

(5) 실제 응용 방법

① 다리 관리

- 다리부위는 스펀지 형태의 도구를 사용하여 완전히 밀착시켜 떨어주어 쓰다듬는(stroke) 효과를 준다.
- 볼 형태의 도구는 좀더 강한 움직임인 주물러주는(kneading) 효과를 얻을 수 있다.

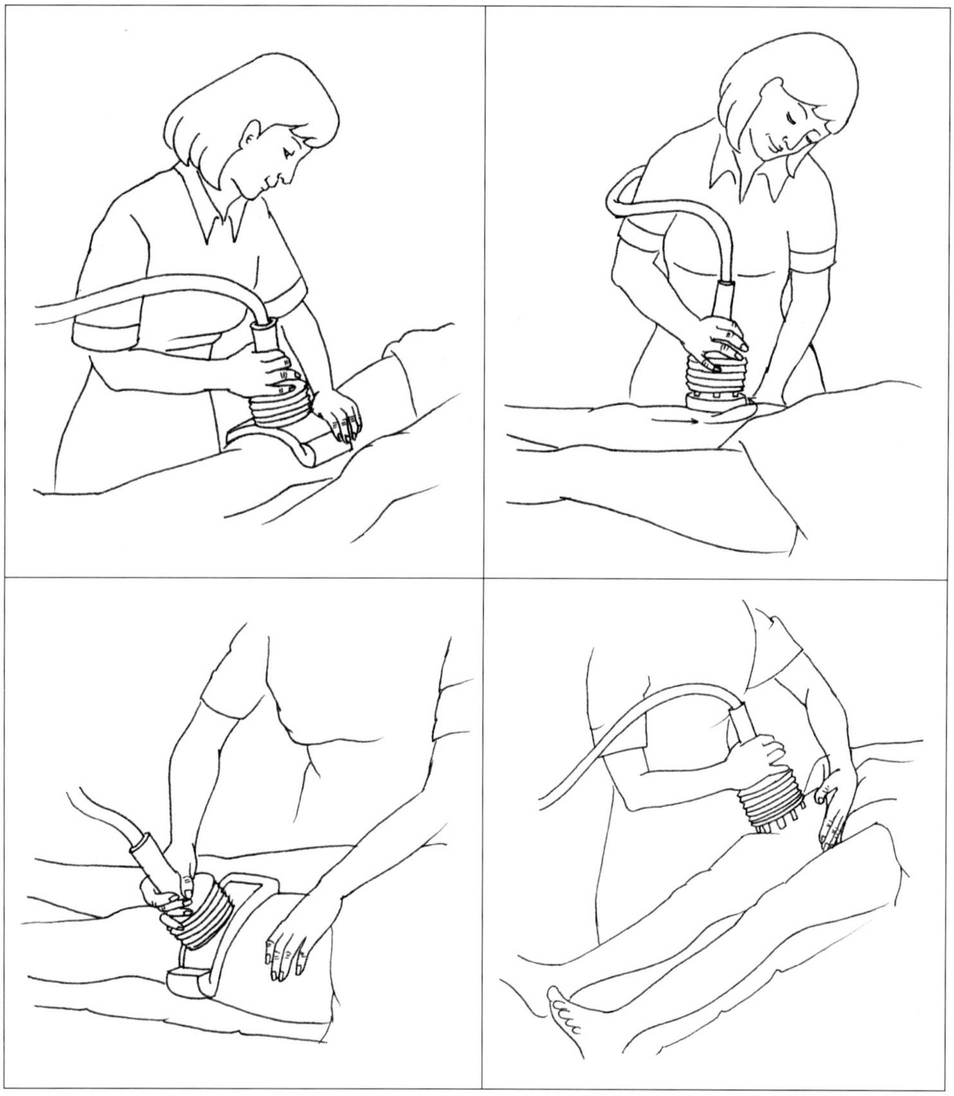

② 복부 관리

- 둥근 모양의 도구는 복부관리에 사용된다.
- 신체에 깊은 자극을 주며 주물러주기(kneading)의 효과가 있어 복부 주변의 위아래 측면인 허리에 원을 그리며 문질러준다.

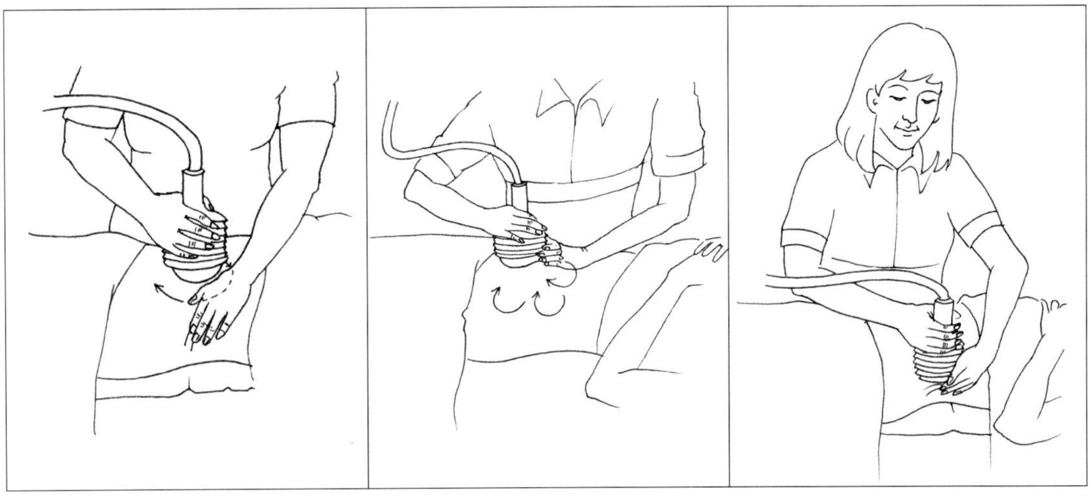

③ 팔 관리

- 팔 부위는 짧고 많은 돌기가 있는 모양을 사용하고 쓰다듬는(stroke) 효과를 얻을 수 있다.
- 거친 피부와 단단한 근육, 지방부위에 이용되어 부드러운 마찰 효과와 지극을 주어 부드럽게 해 주는 작용을 한다.

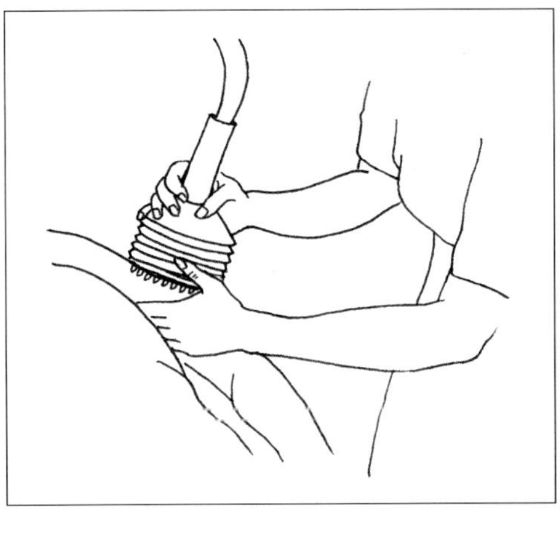

④ 등 관리

- 등 부위는 등의 크기에 맞게 도구를 선택한다.
- 짧은 모양의 스펀지를 이용하여 힙에서 위를 향하여 어깨부위까지 올라가며 쓰다듬어주는(sweeping stroke) 동작을 한다.
- 볼 모양의 도구를 이용하여 경추 아래에서부터 천골까지 척추 옆을 따라 내려간다. 이때 뼈를 건드리지 않게 주의한다.

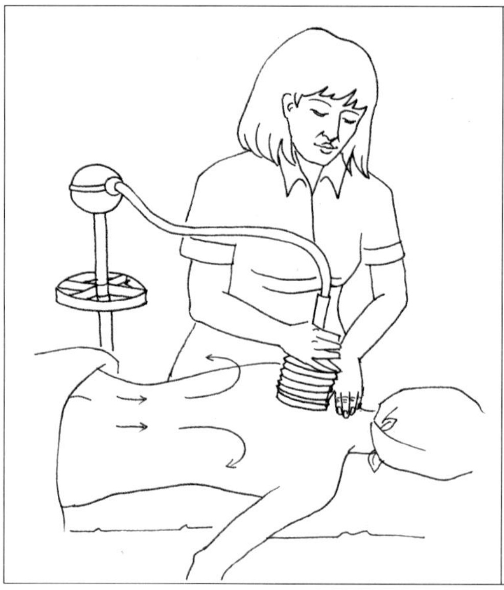
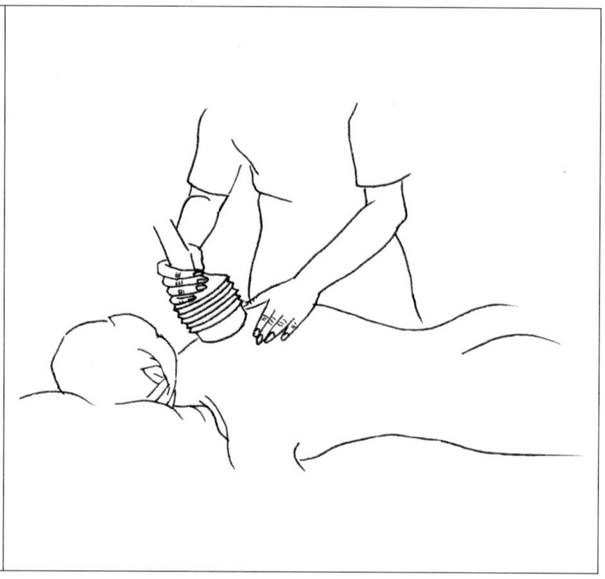

⑤ 둔부 관리

- 엉덩이는 넓은 부위이므로 크기가 큰 돌기 모양과 브러쉬를 이용하여 단시간 내에 적용한다.
- 지방이 축적된 부위에 자극을 주어 분산시켜 주며, 좌골신경을 건드리지 않게 주의한다.

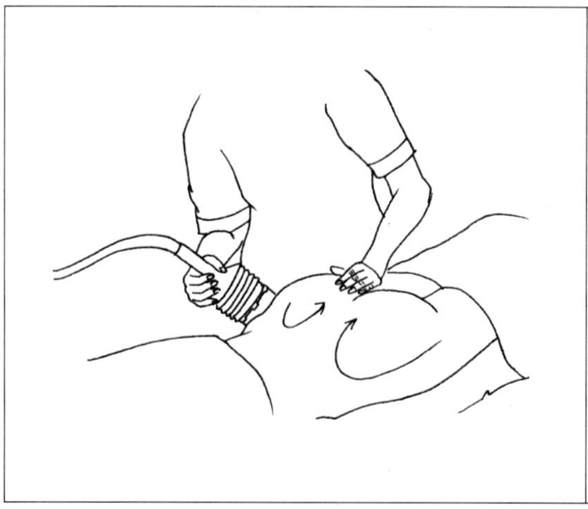
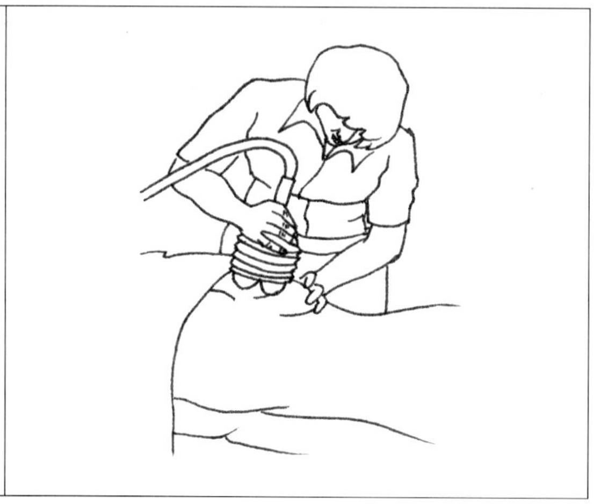

10) 프레셔테라피(Pressure Therapy)

프레셔테라피는 압박요법으로 신체부위에 적당한 압력을 가함으로써 세포 사이에 정체된 체액을 제거하여 정맥과 림프의 순환을 촉진하는 기기이다.

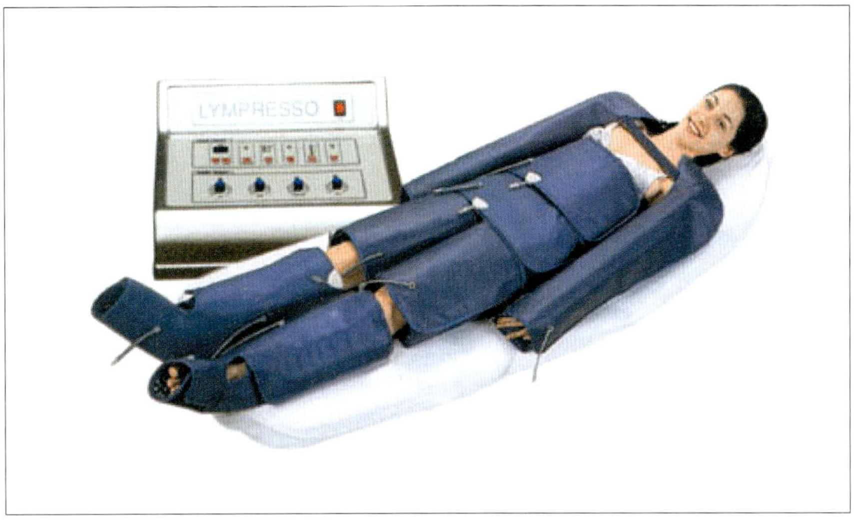

그림 5-14. 프레셔테라피

(1) 효 과

- 혈액순환 촉진
- 정맥성 기능부전, 림프부종 완화
- 체형관리, 지방분해
- 근육통증 완화 및 근육운동 효과

(2) 적용 방법

- 1회 30분 정도 관리한다.
- 매일 또는 격일 간격으로 15회 지속적으로 관리한다.

(3) 적용 금지 대상

- 염증이나 상처부위
- 임산부, 악성 종양이 있는 자

(4) 주의 사항

- 패드를 청결하게 하며 파손되지 않도록 보관한다.
- 패드 수명을 고려하여 세탁하지 않는다.

3. 전신 운동 기기의 종류 및 특징

1) 런닝머신(Running Machine)

런닝머신은 실내에서 달릴 수 있도록 제작된 기기이다. 용어는 밟아 돌리는 바퀴라는 뜻의 트레드밀(treadmill)에서 유래되었으며, 국내에서는 일반적으로 런닝머신이라 부르고 있다.

그림 5-15. 런닝머신

(1) 효 과

- 다이어트 운동 효과
- 면역력 증가
- 성인병 예방 및 비만 예방
- 변비, 정맥류 예방

2) 스텝퍼

스텝퍼는 계단을 딛는 동작을 반복하는 운동기구로 군살제거와 지방을 연소, 대퇴부의 근육 발달에도 도움을 주는 운동기구이다. 발로 밟을 때 생기는 정항으로 운동속도와 강도를 조절할 수 있으며, 종류는 그립과 운동 강도 조절 기능의 유·무로 분류할 수 있다.

운동 강도에 따른 효과는 낮은 강도를 적용하면 유산소 운동효과를, 높은 강도에서는 근력 운동 효과를 얻을 수 있다.

그림 5-16. 스텝퍼

(1) 효 과

- 대퇴부의 근력강화
- 대퇴부 지방 및 셀룰라이트 감소
- 심폐 지구력 증강
- 유산소 운동 및 근력강화 운동
- 골반 및 종아리 운동

6 체형관리 화장품

학습목표

1. 체형관리에서 사용할 수 있는 화장품의 종류 및 효과를 알 수 있다.
2. 올바른 화장품의 사용법을 알고 실제 적용할 수 있다.

1. 체형관리 화장품

체형관리 화장품은 혈액순환, 이완, 지방분해, 발한, 피부탄력강화, 보습의 효과를 얻기 위해 사용하며, 수기요법 및 기기와 병행하였을 때 상승효과를 갖는다. 체형관리의 목적에 따른 화장품의 종류 및 주요성분은 표 6-1과 표 6-2와 같다.

표 6-1. 체형관리 화장품의 종류

목 적	종 류
세정 및 각질정리	바디 샤워젤, 스크럽제, 바디입욕제
혈액순환 및 발한 촉진	에센셜오일, 발한촉진 젤, 크림
셀룰라이트 분해 / 지방분해촉진	셀룰라이트 분해 세럼 & 젤, 크림, 에센셜오일, 셀룰라이트 분해 마스크
탄력강화 및 보습	탄력강화 크림, 탄력 강화 마스크

2. 체형관리 단계에 따른 화장품

체형관리는 수요법, 각질제거, 마사지, 마스크 단계로 이루어지며, 단계별로 사용하는 화장품의 특징과 주요성분은 표 6-3과 같다.

1) 스파(spa : 수 요법)

수 요법은 발한, 독소 및 노폐물 제거, 혈액순환 촉진을 목적으로 제품을 사용한다. 이 단계에서는 제품을 물에 용해시켜 사용되는 제품으로 솔트, 에센셜 오일, 천연물질을 사용할 수 있다.

표 6-2. 체형관리 화장품의 효과에 따른 주요성분

효 과	성 분
각질정리	살리실릭 애시드, 코직 애시드, 파인애플 엔자임, 복숭아 엔자임, 호호바 그래뉼
혈액순환	카모마일, 로즈마리, 페티그레인, 카렌듈라, 파인, 라미나리아 디지타, 알게 추출물, 레몬, 마조람, 사이프러스, 헤이즐넛, 위치하젤, 캄포, 멘톨
독소제거	그레이프 에센셜 오일, 레몬, 사이프러스, 푸쿠스, 메칠 니코티네이트, 소디움 비 카보네이트
근육긴장 완화 및 진정	아줄렌, 카모마일, 알란토인, 제라늄, 그레이프후르츠, 샌달우드, 라벤더, 레몬, 마죠람, 몰약, 알개 추출물, 헤이즐넛 오일, 스위트 아몬드 오일, 알로에 베라, 레시틴, 카올린, 카렌듈라
지방분해	볶지 않은 커피 추출물, 바질, 그레이프 후르츠, 블랙페퍼, 헤이즐넛, 마카다미아, 자몽, 바질, 히솝, 천연과일산, 생강 추출물, 머스타드, 카페인, 푸커스, 그린티 추출물, 위치하젤
이뇨 & 발한 지방분해	사이프러스, 리폴리틴, 테오브로민, 글리세롤, 파파야 추출물, 화이트 점토
탄력강화 & 보습	무코폴리사카라이드, 로즈, 로즈메리, 알란토인, 리바이탈린, 제라늄, 올리고머, 스쿠알렌, 카모마일, 레몬그라스, 레몬, 그레이프 후루츠, 프랑킨센스, 몰약, 천연 보습인자, 알게 추출물, 사이프러스 추출물, 스피루니아, 인삼

표 6-3. 체형관리 단계별 화장품의 주요성분

관리 단계	성 분	효 과
스파(spa)	카페인, 라미나리아, 푸쿠스	혈액순환, 발한
딥 클렌징 (deep cleansing)	오렌지, 라벤다, 샌달우드, 스피롤리나, chondruscrispus, 아미노산, 미네랄 소금, karitebutter	각질제거
마사지 (massage)	안티 셀룰라이트(anti-cellulite) 오일 : 로즈마리, 타임, 제라늄, 사이프러스, 세이지, 시나몬 베티버, 일랑일랑	이뇨, 해독, 배농
	안티 스트레스(anti-stress) 오일 : 샌달우드, 베르가못, 제라늄, 라벤다, 일랑일랑, 베티버, 패츄리, 시더우드	항우울
	퍼밍(firming-energizing) 오일 : 오렌지, 로즈마리, hinoki	수화, 긴장
	발삼(balsamic) 오일 : 라벤다, 유칼립투스, 로즈마리	항염, 진정, 긴장완화
	사트로 넬라, 세이지 오일, 라벤다 오일, 비자볼롤, 마카다미아, 토코페롤, 아세테이트	심신조절, 에너지 강화
마스크 (mask)	시트로넬라 오일, 세이지 오일, 라벤다 오일, 파파야추출물, 이스트, 카올린, 산화아연	온열, 정화
	카올린, 라미나리아, 멘톨	배농, 체지방 감소
	라미나리아 푸쿠스	체지방 감소, 탄력강화
탄력 강화 및 보습 (firming & moisturizing)	알로에 바바덴시스, 트리 글리세라이드, 파인애플 추출물, 파파야 추출물, fucus 추출물, 글리세린 판타몰	보습
	알로에 바바덴시스, 카페인, 로즈마리, 글리세린, 파인애플 추출물, 파파야 추출물	재생

2) 딥 클렌저(deep cleanser)

딥 클렌저는 피부표면의 각질을 제거하여, 다음 단계 제품의 흡수를 높이는 목적으로 사용하며, 주로 스크럽제를 이용한다.

3) 마사지(massage)

마사지는 혈액순환 촉진 및 지방분해를 목적으로 사용하며, 주로 식물성 오일과 지방분해 효과를 갖는 에센셜 오일을 혼합하여 이용한다.

4) 마스크(mask)

마스크는 발한, 독소 및 노폐물 제거, 체지방 및 셀룰라이트 감소를 목적으로 사용하며, 주로 분말과 젤 제형을 이용한다. 분말제형의 마스크는 머드(mud), 해조류 등의 천연물질을 주 원료로 하며, 주요성분은 올리고머, 해양 침전물, 클로렐라 등으로 구체적 함유성분은 표 6-4와 같다.

5) 탄력 강화 및 보습(firming & moisturizing)

체형관리의 마무리 단계에서 탄력강화와 보습을 목적으로 사용하며, 주로 겔과 에멀젼 제형을 이용한다.

표 6-4. 해조 및 올리고모의 함유성분

종 류	함유 성분	효 과
해 조	효소와 비타민(A, B, B1, B2, B6, B12, C, D, E, F, K, P), 미네랄, 아미노산(글루타민산, 시스틴, 매치오닌, 로이신, 바린, 티로신, 리진, 아스파라긴산 등)과 탄수화물, 지방, 엽록소 등 함유	미네랄과 산소공급, 독소정체 해소, 노폐물 제거, 신진대사 기능 활성화, 자율 신경계 자극, 신체기능 상승, 신체 장기 이상 및 변비, 생리통, 류마티스, 관절염
올리고머	동결 건조한 해수의 농축물로서 마그네슘, 연소, 황산이온, 칼륨, 취소, 칼슘, 비소, 스트론튬, 리튬, 불소, 망간, 철, 아연, 모리브덴, 인, 니켈, 구리, 세렌, 요오드, 알리미늄, 코발트, 크롬, 카드뮴, 바스마스, 인지움, 바나지움, 니트륨 등 함유	미네랄 공급, 노폐물 배출, 마그네슘과 규산염은 산소 촉진, 열 발생을 도모해 줌으로써 피부에 탄력을 부여

3. 체형관리에 효과적 에센셜 오일

체형관리에 사용되는 에센셜 오일의 종류는 매우 다양하며, 순환촉진, 체지방 감소, 탄력강화를 목적으로 사용하는 에센셜 오일은 표 6-5와 같다.

표 6-5. 체형관리의 목적에 따른 에센셜 오일

목 적	종 류
혈액순환	로즈마리, 페티그레인, 카모마일, 민트, 그레이프룻, 레몬, 칼라듐라, 사이프레스 파인
지방분해 및 셀룰라이트	로즈마리, 레몬, 쥬니퍼, 사이프러스, 훼넬, 파출리, 제라늄
탄력강화	로즈, 로즈마리, 라벤더, 레몬그라스, 네롤리, 레몬, 오렌지, 제라늄, 일랑일랑
부종해소	유칼립투스, 훼넬, 쥬니퍼, 캐롯씨드, 사이프러스, 오렌지, 제라늄, 그레이프 후르츠, 만달린

7 체형관리 프로그램의 실제

학습목표

1. 전신 및 부분 체형관리의 목적과 방법에 대해 이해하고 계획을 수립할 수 있다.
2. 체형관리 시 적절한 수기요법, 기기, 화장품을 활용할 수 있다.

1. 체형관리 절차

피부관리실에서의 체형관리는 단순한 체중감량이 아니라 아름다운 체형을 유지시키기 위해 여러 가지 미용요법을 적용하여 효과를 얻는 것을 목표로 하여야 한다. 이를 위해서는 비만이 발생된 요인을 잘 파악하고, 체형을 정확하게 분석하여 실제 체형관리 프로그램의 계획을 수립하여 진행하여야 한다. 그러나 사전 병적 비만상태를 잘 고려하여야 하며, 이때 비만과 관련된 질환발생 및 고객의 특정 질환으로 인해 발생된 비만자에 대해서는 반드시 병원 치료를 권고하여야 한다.

또한 주요 고객층인 여성들의 경우, 실제 감량하고자 하는 목표치가 높고, 이로 인하여 발생될 수 문제 및 요요현상에 관한 경험이 많을 수 있다. 이러한 현상이 반복되게 되면, 오히려 정서적 장애를 유발할 수 있으므로 관리자는 협력자로서의 역할을 충실하게 하여야 한다. 처음부터 비현실적인 감량 목표를 설정하는 것 보다는 예를 들면 처음 3~6개월 동안 5~10% 정도로 하고, 다시 감량 목표를 단계적으로 정하는 것이 바람직하다.

효과적인 체형관리를 위해서는 다양한 프로그램도 중요하지만, 고객과 관리자의 관심과 상호 협조가 중요한 부분이라고 볼 수 있다. 피부관리실에서는 다양한 미용요법을 적절하게 활용하여, 고객이 지치지 않으며 편안하고 즐겁게 체형관리 프로그램을 할 수 있도록 한다면 많은 상승효과를 얻을 수 있을 것으로 본다.

주로 체형관리의 절차는 비만요인 파악, 비만판정, 체형관리 실행의 순으로 진행된다. 그에 따른 진행절차는 그림 7-1과 7-2에 제시하였다.

참 고

본 장은 실전에서 활용할 수 있는 체형 프로그램을 목적에 따라 제시하였으며, 모든 단계에서 다양한 제품 및 기기를 모두 적용할 수 있으나, 수업 진행의 효율성을 높이기 위해 목적에 가장 적합한 기기 및 순서를 제시하였다. 따라서 각 현장 및 대학에서는 보유하고 있는 제품 및 기기를 활용하여 체형관리의 목적에 맞게 사용하는 것이 바람직하다.

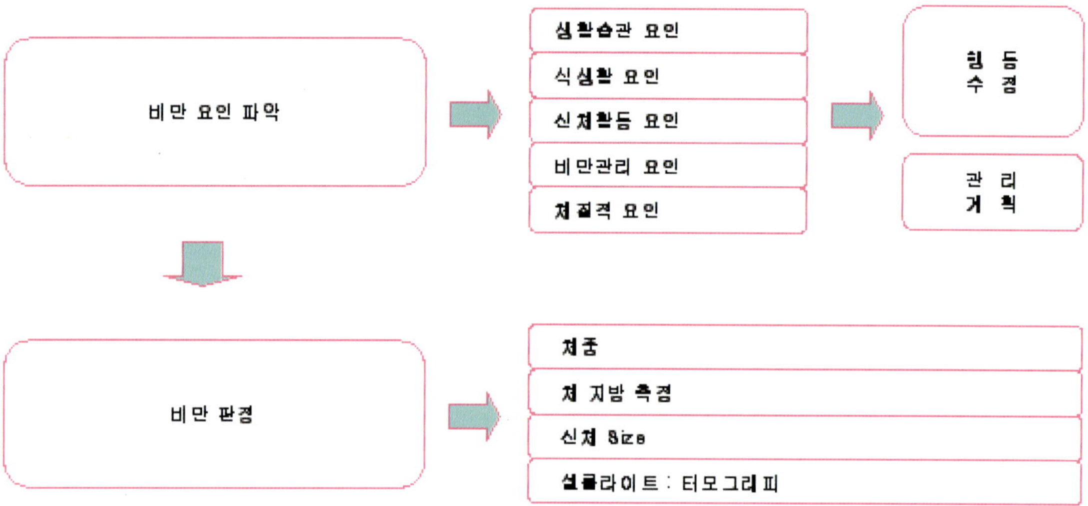

그림 7-1. 비만요인 파악 및 판정 절차

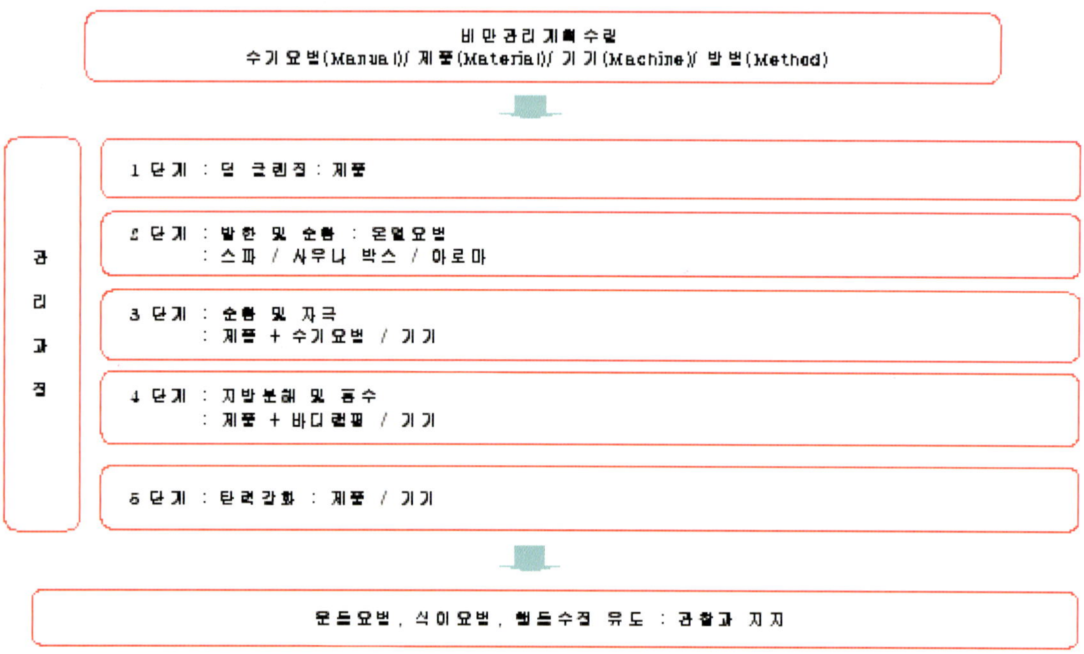

그림 7-2. 피부관리실에서의 체형관리 프로그램 단계

2. 오감요법을 활용한 체형관리

실제 체형관리를 실행하는데 있어 다양한 미용요법을 적용하고 있으며, 이러한 요법들은 체형관리에 직·간접적 영향을 미침으로써 상승효과를 가져오게 된다. 특히 고객들은 체형관리의 양적 효과도 중시하지만, 높은 질적 수준의 관리를 희망한다. 따라서 단순히 체중과 셀룰라이트, 사이즈의 감소뿐만이 아니라 심신의 편안함과 아름다움을 얻을 수 있는 전신 및 체형관리가 시행되어야 한다.

요즈음 피부미용분야에서 적용되고 있는 오감요법 중 체형관리의 목적에 맞게 저자가 예제를 구성하여 그림 7-3에 제시하였다. 예를 들면 다음과 같다.

① 후각요법은 비만에 효과적인 에센셜 오일로 제시된 그레이프 후르츠, 레몬, 로즈마리, 사이프레스, 오렌지, 쥬니퍼, 휀넬 등이 있다.

② 촉각요법은 림프드레니쥐, 딥 티슈마사지, 경락마사지 등이 있으며, 이 장에서는 경락마사지를 예로 제시하였다. 경락의 관점에서 볼 때 비만에 효과적인 경락은 대장경, 위경, 비경, 담경이다.

③ 시각요법은 광선요법을 적용하고, 체내 정화에 효과적인 노란색을, 독소배출은 초록색을 사용하며, 이때 챠크라와 병행하면 상승효과를 가져올 수 있다.

④ 청각요법은 주로 고음이며 세기는 크게 템포는 주로 빠른 곡인 '베토벤 바이올린 D장조', '드보르작의 교향시(물의 요정)' 등을 추천한다. 그러나 심리적 피로 해소를 목적으로 할 경우에는 '바하의 합창 칸타타', '헨델의 수상음악 조곡', '리스그의 메피스토의 왈츠', '멘델스존의 한여름밤의 꿈', '비발디의 사계' 등이 있다.

⑤ 미각요법의 적용은 섬유소 식품, 저열량 식품인 채소류와 과일, 차 요법 등을 적용할 수 있으며, 그림 7-3에서는 아유르베다의 체질 중 비만이 되기 쉬운 카파 타입에 효과적인 식품을 제시하였다.

그림 7-3의 내용은 오감요법의 한 예를 제시한 것으로 실제 피부관리실에서 구비하고 있는 제품 및 기기, 고객의 취향과 상태를 고려하여 적용하는 것이 바람직하다.

요법	적용	내용
후각요법	Aroma	그레이프 후르츠, 레몬, 로즈마리, 사이프레스, 오렌지, 쥬니퍼, 펜넬 등
촉각요법	Meridian	목형(간/담경) : 간수, 담수/ 기문,일월(주요 경혈점) 화형(심/소장경) : 심, 궐음수, 소장수/ 단중,관원 (주요 경혈점) 토형(비/위경) : 위수, 비수/ 중완,장문(주요 경혈점) 금형(폐/대장경) : 폐수, 대장수/ 중부, 천추(주요 경혈점) 수형(신/방광경) : 신수, 방광수/ 경문, 중극(주요 경혈점)
시각요법	Color	광선요법 적용 : 노랑, 초록, 보라
청각요법	Music	고객 취향고려 : 템포빠른 곡(활동 유도) 근육활동, 이완효과, 명상음악 등
미각요법	사상체질 Ayurveda	카파 타입 권장식 : 곡물류, 복숭아, 수박, 석류, 시금치 등 제한식 : 육류, 달걀, 유제품, 바나나, 무화과, 포도 등

그림 7-3. 오감요법을 적용한 체형관리의 예

3. 체형관리의 실제 응용

1) 체중관리(Weight Loss Treatment)

체중관리는 소비에너지를 높이는 것을 목적으로 한다. 과체중 및 체지방 과다에 의해 발생된 단순 비만의 경우 섭취에너지에 비해 소비에너지의 부족으로 인하여 발생된 것으로 주로 식이요법, 운동요법, 행동수정요법이 복합적으로 적용되어야 한다. 이는 모든 비만관리에서 기본으로 구성되어야 할 관리 요소라 할 수 있다.

피부관리에서의 주요 관리 방법은 온열요법을 이용하여 발열 및 발한을 유도하고, 제품과 수기요법을 이용하여 경직된 지방의 유연화를 유도한다. 또한 지방분해 효과를 갖는 제품 및 근육 및 지방 운동효과를 얻을 수 있는 기기를 이용하여 관리할 수 있다.

(1) 원인

- 과체중
- 섭취 과다
- 소비에너지 과소

(2) 관리 목적

- 체중 감소
- 체지방 감소
- 신체 부위별 사이즈 감소
- 혈액 및 림프 순환 촉진

(3) 체중관리 프로그램

관리 목적	체중감소 및 체지방 감소	
관리 단계	**관리 방법**	**비 고**
체형분석단계	• 체중측정 • 부위별 사이즈 측정 • 과체중 원인파악	• 고객관리카드 • 체중계, 줄자 • 신장계 • 체지방 측정기
발열단계	• 제품 : 각질제거(scrub), 발한제품 • 수기요법 : 마찰(rubbing : 제품 도포) • 기기 및 도구 : 스파, 사우나, 온열매트	• 온열요법에 의한 혈액순환 촉진
순환단계	• 제품 : 독소배출, 에센셜오일(essential oil) • 수기요법 : 마찰(rubbing : 제품 도포) • 기기 및 도구 : 바이브레이터기, 림프드레니쥐 기기	• 바이브레이터에 의한 순환 촉진
자극단계	• 제품 : 슬리밍 제품, 지방 분해 크림, 발열크림 • 수기요법 : 딥 티슈마사지, 경락마사지 • 기기 및 도구 : 저주파기, 흡입기(vacuum / suction machine) 등	
흡수단계	• 제품 : 지방분해 크림, 마스크 • 수기요법 : 마찰(rubbing : 제품 도포) • 기기 및 도구 : 고주파기, 컬러 테라피기	
탄력강화 및 보습단계	• 제품 : 탄력 세럼 + 탄력강화 크림 • 수기요법 : 마찰(rubbing : 제품 도포) • 기기 및 도구 : 리프팅기, 중주파기	
관리 시 주의사항	• 관리 전·후 부위별 신체 사이즈 정확히 측정 후 기입할 것 • 무리한 관리로 인해 고객의 심리적, 육체적 피로감을 주지 말 것 • 관리횟수는 주 2-3회	• 고객관리 카드
Home Care Advice	• 운동요법 • 식이요법 • 행동수정요법	

2) 체형관리 : 셀룰라이트 관리 (Slimming Treatment : Anti-Cellulite Treatment)

체형관리는 셀룰라이트의 감소 및 예방을 유도하여 아름다운 체형을 관리하는 것을 목적으로 한다. 셀룰라이트는 특정부위 피하지방의 과다한 축적으로 인해 림프순환 및 미세혈관의 구조적 이상을 초래하는 상태를 말한다. 주로 여성의 하복부, 엉덩이 허벅지를 중심으로 발생되며, 외관상으로 피부표면이 울퉁불퉁한 상태가 된다.

체형관리의 주요 관리 방법은 림프배농 및 혈액순환을 가장 우선으로 하여야 한다. 또한 수 요법, 수기동작, 림프드레니쥐 기기, 엔더몰러지, 컬러테라피, 초음파 등을 이용하여 관리할 수 있다.

(1) 원인

- 혈액순환 저하
- 림프정체
- 셀룰라이트 형성
- 과다한 스트레스로 인한 식생활 습관의 장애

(2) 관리 목적

- 혈액 및 림프 순환 촉진
- 체내 노폐물 배출
- 부종완화
- 셀룰라이트 완화

(3) 체형관리 · 셀룰라이트 관리 프로그램

관리 목적	순환촉진 및 셀룰라이트 감소	
관리 단계	관리 방법	비 고
체형분석단계	• 체중측정, 부위별 사이즈 측정	• 고객관리카드 • 체중계, 줄자 • 신장계 • 체지방 측정기
발열단계	• 제품 : 각질제거(scrub), 발한제품, 에센셜 오일 • 수기요법 : 마찰(rubbing : 제품 도포) • 기기 및 도구 : 스파, 사우나, 온열매트, 원적외선, 아로마 습식	
순환단계	• 제품 : 독소배출, 에센셜오일(essential oil) • 수기요법 : 림프드레니쥐 • 기기 및 도구 : 림프드레니쥐 기기, pressure machine	• 림프배농이 가장 중요
자극단계	• 제품 : 셀룰라이트 제품 • 수기요법 : 마찰(rubbing : 제품 도포) • 기기 및 도구: 엔더몰러지, 초음파기, suction machine	• 셀룰라이트 심한 경우 : 엔더몰러지를 먼저 사용
흡수단계	• 제품 : 지방분해 크림 + 세럼 • 수기요법 : 마찰(rubbing : 제품 도포), 림프드레니쥐 • 기기 및 도구 : 고주파기기, 원적외선기, 림프드레니쥐 기기	• 초음파 사용 후에는 반드시 림프드레니쥐를 시행
탄력강화	• 제품 : 탄력강화 크림, 탄력강화 마스크 • 수기요법 : 마찰(rubbing : 제품 도포) • 기기 및 도구 : 리프팅기, 중주파기	
관리 시 주의사항	• 관리 전 · 후 부위별 신체 사이즈 측정 • 림프배농이 우선되어야 함 • 수기요법 적용을 할 때 셀룰라이트 부위는 충분히 자극을 줄 것 • 수 요법은 임신, 생리중인 사람은 피함 • 관리횟수는 주 2-3회	• 고객관리 카드
Home Care Advice	• 운동요법 • 식이요법 • 행동수정요법	

3) 복부관리(Abdomen Treatment)

피부관리실에서 접근할 수 있는 복부관리는 피하지방형으로 복부 부위의 축적된 체지방을 감소하는 것을 목적으로 한다.

복부비만은 주로 성인기에 발생되며, 피하지방과 복강내 지방으로 구분된다. 내장형은 위장주변의 막과 복강 내부, 대장 사이를 가르는 장간막에 지방이 쌓여 비만이 발생된 것을 의미하며, 주로 30대 이후 성인에게 발생된다.

일반적으로 체지방의 분포는 노령화되면서 점차 허리부위에 지방이 축적되게 되는데, 여성의 경우에는 연령과 관계없이 폐경 또는 에스트로겐의 농도 변화로 인해 나타나게 된다. 특히 폐경기에 복부지방이 축적되는 이유는 에너지의 불균형으로 인하여 신체의 부위에 따라 지방조직의 대사가 변화하기 때문으로 추정하고 있다.

폐경 여성의 에스트로겐 결핍은 신체 지방 축적의 양상을 변화시키고 인슐린 저항성으로 인하여 심혈관 질환의 위험이 증가한다.

복부비만은 내장형과 피하지방형의 복부비만을 판정하기 어려움으로 체지방 측정과 더불어 허리둘레를 반드시 포함시켜야 한다. 또한 내장지방비만은 대사 증후군, 당뇨병, 심혈관 질환의 주요 원인이 됨으로 조기 진단을 권유하여야 한다.

복부관리는 먼저, 림프배농을 목적으로 관리하여야 하며, 제품과 수기요법을 이용하여 경직된 지방의 유연화를 유도한다. 또한 지방분해 효과를 갖는 제품 및 근육 운동효과를 얻을 수 있는 기기를 이용하여 관리할 수 있다.

(1) 원인

- 체중 증가(임신 및 출산)
- 스트레스로 인한 식습관의 불균형
- 운동 부족

(2) 관리목적

- 복부 사이즈 감소
- 체지방 및 셀룰라이트 감소
- 복부근육 탄력강화

(3) 복부관리 프로그램

관리 목적	복부사이즈 감소 및 탄력강화	
관리 단계	**관리 방법**	**비 고**
체형분석단계	• 복부 사이즈 측정 (배꼽, 배꼽 위 / 아래)	• 고객관리카드 • 줄자 • 체지방 분석기
발열단계	• 제품 : 각질제거(scrub), 발한제품, 에센셜 오일 • 수기요법 : 마찰(rubbing : 제품 도포) • 기기 및 도구 : 스파, 사우나, 온열매트, 원적외선, 아로마 습식	
순환단계	• 제품 : 독소배출, 에센셜오일(essential oil) • 수기요법 : 림프드레니쥐 • 기기 및 도구 : lymph drainage, pressure machine	
자극단계	• 제품 : 슬리밍 제품, 지방 분해 크림, 발열크림 • 수기요법 : 딥 티슈마사지, 복부 경락마사지 • 기기 및 도구 : suction machine, 엔더몰러지, 바이브레이터	
흡수단계	• 제품 : 독소 배출 및 지방분해 크림 • 수기요법 : 마찰(rubbing : 제품 도포) • 기기 및 도구 : 초음파, 고주파	
탄력강화 및 보습	• 제품 : 탄력강화 크림, 탄력 강화 마스크 • 수기요법 : 마찰(rubbing : 제품 도포) • 기기 및 도구 : 중주파기	
관리 시 주의사항	• 관리 전 · 후 정확한 복부 사이즈 측정 • scrub을 사용할 때 배꼽 부위 주의 • 음식물 섭취 후 관리 주의 • 생리 전후 및 임신한 여성 관리는 주의	고객관리 카드
Home Care Advice	• 운동요법 • 식이요법 • 행동수정 요법	

4) 가슴관리(Breast Treatment)

가슴관리는 림프순환 및 가슴부위의 탄력 강화와 처짐을 예방하는 목적으로 한다. 과체중, 연령의 증가에 의해 자연스럽게 발생되는 현상으로 운동요법, 림프배농, 흡입기 자극요법, 랩핑 등의 방법을 이용하여 관리할 수 있다.

(1) 원인

- 과체중(임신, 모유 수유)
- 운동 부족

(2) 관리 목적

- 가슴부위 혈액 및 림프순환의 촉진
- 가슴 탄력 강화 및 처짐 방지
- 상체 부위 체지방 감소 및 셀룰라이트 감소

(3) 가슴관리 프로그램

관리 목적	가슴 근육 및 탄력 강화	
관리 단계	**관리 방법**	**비 고**
체형분석단계	• 가슴둘레 사이즈 측정	• 고객관리카드 • 줄자 • 체지방 분석기
발열단계	• 제품 : 각질제거(scrub, exfolliant)	
	• 수기요법 : 마찰(rubbing : 제품 도포)	
	• 기기 및 도구 : 미 적용	
순환단계	• 제품 : 독소배출, 에센셜오일(essential oil)	
	• 수기요법 : 림프드레니쥐	
	• 기기 및 도구 : lymph drainage, suction machine : bust ventouse 사용	
자극단계	• 제품 : 슬리밍 제품, 지방 분해 크림	
	• 수기요법 : 딥 티슈마사지, 경혈 자극요법	
	• 기기 및 도구 : suction machine	
흡수단계	• 제품 : 지방분해 크림, 석고 마스크, 가슴 전용 마스크	
	• 수기요법 : 마찰(rubbing : 제품 도포)	
	• 기기 및 도구 : wrapping	
탄력강화 및 보습	• 제품 : 리프팅 및 순환 앰플 + 탄력강화 크림, 마스크	
	• 수기요법 : 마찰(rubbing : 제품 도포)	
	• 기기 및 도구 : 리프팅기	
관리 시 주의사항	• 관리 시 유륜 부위는 주의 • 인공 보형물을 삽입한 경우 관리 주의 • 낭종이나 신경절이 동반될 때 관리 피함 • 주 1-2회 정도를 실시	• 고객관리 카드
Home Care Advice	• 운동요법(가슴 탄력 강화 운동) • 식이요법 • 행동수정 요법	

4. 하체관리(Lower Leg Treatment)

하체관리는 부종을 완화하고, 사이즈 감소, 근육 피로해소, 근육 탄력 강화를 목적으로 한다. 하체비만은 지방세포의 축적이 아니라 주로 순환 장애로 인하여 발생되기 때문에 림프배농, 압박요법(pressure therapy), 저주파기기, 랩핑 등의 방법을 이용하여 관리할 수 있다.

1) 원인

- 림프 정체로 인한 부종
- 과체중으로 인한 순환장애
- 운동 부족으로 인한 셀룰라이트 증가
- 여성호르몬 기능 저하

2) 관리 목적

- 부종완화
- 혈액 및 림프순환 촉진
- 셀룰라이트 감소
- 하체 사이즈 감소
- 순환장애 개선 및 탄력강화

3) 하체관리 프로그램

관리 목적	순환관리로 인한 부종 완화 및 사이즈 감소	
관리 단계	**관리 방법**	**비 고**
체형분석단계	• 다리 사이즈 측정(발목, 종아리, 무릎, 대퇴부)	• 고객관리카드 • 줄자 • 체지방 분석기
발열단계	• 제품 : 각질제거(scrub), 발열제품, 에센셜 오일 • 수기요법 : 마찰(rubbing : 제품 도포) • 기기 및 도구 : 족욕, 각탕기, 발 지압판	
순환단계	• 제품 : 독소배출, 에센셜오일(essential oil) • 수기요법 : 마찰(rubbing : 제품 도포) • 기기 및 도구 : 바이브레이터기, pressure therapy	
자극단계	• 제품 : 슬리밍 제품, 지방 분해 크림, 발열크림 • 수기요법 : ① lymph drainage : 서혜부 ② deep tissue massage • 기기 및 도구 : 저주파기	
흡수단계	• 제품 : 지방분해 크림, 마스크, 파라핀 • 수기요법 : 마찰(rubbing : 제품 도포) • 기기 및 도구 : wrapping, 고주파기, 원적외선	
탄력강화 및 보습	• 제품 : 탄력강화 크림, 탄력 강화 마스크 • 수기요법 : 마찰(rubbing : 제품 도포) • 기기 및 도구 : 중주파기	
관리 시 주의사항	• 관리 전 · 후 정확한 복부 사이즈 측정 • 압박 스타킹 착용	• 고객관리 카드
Home Care Advice	• 운동요법(하체근육 강화 및 근육뭉침 해소 운동법을 참고) • 식이요법 • 행동수정요법	

부록 : 전문제품 리스트

※ 전문제품 리스트는 자료 수집의 어려움이 있어 일부 업체만 제공되었으며, 차례는 가나다순으로 제시하였다.

– (주) 더말로지카 –

제 품 명	효능 · 효과	주 요 성 분
바디 마이크로 폴리언트	피부를 맑고 투명하게 함	타피오카 스타치 (점성제)
	피부 거칠음 방지, 유연감 부여	콜로이달 오트밀(필링제)
	피부 정화, 유연감 부여	라이스브란 파우더(필링제)
	피지 흡착	벤토나이트 (흡수제)
	진정	알란토인
	모공 내 각질 녹임, 각질 탈락 유도	살리실산
	각질 녹임	파파인
클린 마사지 오일 베이스	촉촉함 부여	잇꽃오일
	피부 유연	아프리콧 커널 오일
	피부를 보호, 항산화제	그레이프 씨드 오일
	감마리놀렌산 함유	올리브 오일
	염증완화	클로버, 세이지, 캐스터오일
에너자이징 오일	몸의 에너지 부여, 독소 배출	세이지, 로즈마리, 제라늄, 싸이프러스
	감마리놀렌산 함유	이브닝 프라임 로즈 오일
	케리어 오일	포도 씨, 아프리콧 과 올리브 오일
	혈액 순환 촉진	와사비, 열대 아시아 생강
스트레스 릴리프 오일	피부유연감 부여	아프리콧과 썬플라워 오일
	심신 진정	파출리, 샌달우드, 클라리 세이지 일랑일랑
	혈액 순환 촉진	와사비, 열대 아시아 생강
파워리커버리 팩	수분, 영양 공급	귀리, 클리니컬 콜로이달 오트밀
	수분공급, 혈액순환 증진	꿀. 알란토인
	혈액순환 촉진	와사비, 열대 아시아 생강
엔자메틱 시 머드 팩	수분 · 유연감 부여	켈프, 파파인, 카페인, 락토즈
	피부 정화	레몬글라스, 레몬, 라임, 탄저린
	혈액순환 촉진	와사비, 열대 아시아 생강
T.H.A	피부온열 유지	칼슘 클로라이드
	항 고착제	실리카
	피부의 컨디셔닝 유지	디메치콘

- (주) 밀라코리아 -

제 품 명	효능 · 효과	주 요 성 분
아로마 발란스 오일 No3	탄력증대, 유연작용, 심신 조절작용	스위트 아몬드 오일, 토코페롤, 씨트릭산 에센셜 오일
플러스 슬리밍 오일	혈행촉진, 림프순환 촉진, 노폐물 배설 피부유연, 보습작용, 항산화작용	스위트 아몬드 오일, 썬플라워 오일, 호호바 오일, 참깨유, 토코페롤, 그레이프 후르트, 싸이프러스, 라벤더, 샌달우드
에너자이징 오일	몸의 에너지 부여, 독소 배출	세이지, 로즈마리, 제라늄, 싸이프러스
크리오 마스크	부종, 셀룰라이트, 비만해소	카올린, 라미나리아, 멘톨

memo

– 케어천사 : 앙떼그레 스파 –

제 품 명	효능 · 효과	주 요 성 분
	모델 인 그레이	
라이트 촉	팽창방지, 배농	아르니카, 사이프러스, 폴리고나튬 복합체
콤플렉스 바이탈	청량감 부여, 클리어링 효과, 리후레싱 피부윤택 부여, 민감함 감소	엘더, 루틴, 민트 에센스오일, 멘톨 멘틸-락테이트
리포트란스 레그	셀룰라이트 방지, 혈관보호, 독소배농 부종방지	멘톨, 메틸락테이즈, 실록산 화합물 센터솔라에서 추출한 히터로사이드, 알게 카르니틴, 카르니틴, 루틴
	모델 인 라인	
리브 인 바디	각질 관리, 산뜻함 부여	마니크로스피어, 파인애플
바디모델	혈관보호, 클리어링, 항산화, 수분공급 지방감소, 바디라인 관리, 탄력부여	SKIN-VEHICULATED, CAFFINE/CARNITINE 베타인, 그린 티, 루틴
바디 촉	지방분해, 수분공급, 피부톤 상승 탄력강화	부풀레움, 카페인, CoA, ULVA, LACTUCA
리포레듀이	셀룰라이트 예방, 사이즈 감소, 지방감소 탄력부여, 바디라인 형성	아이리스에서 추출한 피토에스트로겐 볼도 추출물, 가르시니아 캄보지아 카노신, 카페인
요다민	피부 사이즈 케어, 지방관리, 탄력강화 수분공급, 혈액순환, 부종완화	볼도 추출물, 카페인, 리포-메티오닌 해바라기에서 추출한 글리코펩타이드 푸커스 추출물, BIOFLAVONOIDS
리포 촉	피부활력 부여, 지방분포 감소, 피부탄력	구리, 아연, 마그네슘, 망간 , 카페인 비터 오렌지 플라워의 생체분자
피지오비탈	수분공급	100% 포도씨 오일
	하이드라롬	
플로우	재 균형, 배농	레몬 에센스오일, 라벤더 에센스오일 사이프러스 에센스오일, 클로브 에센스오일
옥시	재 균형, 정화	도금양(MYRTLE)에센스오일, 파인 에센스오일, 세이지 에센스오일 전나무 에센스오일
릴레이	재 균형, 이완, 항산화	팬넬 에센스오일, 밤 민트 에센스오일, 민트 에센스오일, 오렌지 플라워 에센스오일
리포 슬림	재 균형, 자극, 배농, 사이즈축소	레몬 에센스오일, 스피어민트 에센스오일, 전나무 에센스오일, 코리안더 에센스오일, FUCUS(해조류) 추출물, 알게 추출물(LAMINARIA)
톤	자극, 방향성, 탄력강화	민트 에센스오일, 타임 에센스오일 세이지 에센스오일, 캐러웨이 에센스오일

– 케어천사 : 앙떼그레 스파 –

제 품 명	효능 · 효과	주 요 성 분
테르마롬		
플로우	재 균형, 배농, 혈관보호	바질 에센스오일, 민트 에센스오일 사이프러스 에센스오일, 오렌지 에센스오일
옥시	재 균형, 항산화, 릴렉싱, 셀룰라이트 방지	멜루리카 오일, 티트리 에센스오일 밤민트 에센스오일, 와일드 민트 에센스오일 레몬 에센스오일
슬림 에센셜 오일	피부 축소, 활성화, 탄력강화	진저 에센스오일, 전나무 에센스오일 코리안더 에센스오일, 스위트 팬넬 에센스오일
바이오 에센스		
플로우	혈관보호, 배농	솔방울(PINE CONE)오일, 레몬 에센스오일 유칼립투스 에센스오일
옥시	해독, 자극	로즈마리 에센스오일, 라벤더 에센스오일 전나무 에센스오일
릴레이	구축감소, 릴랙싱, 노화방지	사이프러스 에센스오일, 팬넬 에센스오일 스위트오렌지 에센스오일
셀	배농, 전염방지, 자극	사이프러스 에센스오일, 캄포 에센스오일 스피어민트 에센스오일
슬림	지질분해, 자극, 해독	솔방울(PINE CONE)오일, 전나무 에센스오일 코리안더 에센스오일
톤	자극, 해독, 노화방지	로즈마리 에센스오일, 유칼립투스 에센스오일 캘러웨이 에센스오일

- 케어천사 : 앙떼그레 스파 -

제 품 명	효능 · 효과	주 요 성 분
톤 라스트		
프로텔라스트	탄성 강화, 퍼밍, 노화방지	임문펩티드(IMMUNOPEPTIDE) 영양 인자(NUTRITIONAL FACTOR) VITAMIN E
하이덤 업	자극, 토닝-업, 보습, 영양공급	그린티, 마카다미아 오일, 히비스커스 표고버섯
오버	탄력강화, 배농, 지방감소	녹차, 아이리스 피토에스트로젠 세빌 오렌지 바이오몰리큘러 스위트 아몬드 바이오폴리머
톤 라스 스트리아		
스트리아 세럼	긴장감 부여, 영양공급, 항산화, 유연감 피부 갈라짐을 방지	실리콘/아스파르트산 복합물, 비타민 E 박 페포에서 추출한 바이오 단백질
스트리아 촉	긴장감 부여, 튼살방지, 피부톤 정화 탄력강화	실리콘/아스파르트산 복합물 금련화에서 추출한 당 분자
톤 라스트 바스트		
가슴 퍼밍 세럼	탄력강화, 퍼밍, 수분공급, 리프팅	PLANT MICROPATCH, KIGELIA AFRICANA, SERIN, PVP
가슴 퍼밍 마스크	운반작용, 탄력강화, 퍼밍	KAOLIN, 나트륨 칼륨 타르타르산염 멘톨
옥시 버스트 촉	탄력강화, 노화방지 , 산소공급	KIGELIA AFRICANA, MICROSUGARS 타우린
테르 마리아		
바디 마스크 셀	안티 셀룰라이트, 모델링, 배농	점토(CLAY), 말라카이트, 세이지오일 ALGA GELIDIUM CARTILAGINEUM에서 추출한 로디스테롤, 스피어민트 오일 진저 오일
바디 마스크 톤	탄력강화, 피부재생촉진, 신진대사 촉진	점토(CLAY), 말라카이트, 머틀오일 ALGA GELIDIUM CARTILAGINEUM에서 추출한 로디스테롤, 캘러웨이 오일 민트 에센셜 오일

- (주) 예담 코스메틱 -

제 품 명	효능 · 효과	주 요 성 분
	부분 지방분해 제품	
셀룰라이트 젤	셀룰라이트 분해, 엉덩이, 허벅지, 골반 등 지방 집중적 분해	싸이클로리파제, 가르시나아 캄보디아 메틸 니코티네이트, 카페인
셀룰라이트 앰플	발연작용, 지방분해 확산	요오드, 아이비 추출물, 메틸 니코티네이트
크리오-젤	혈관 수축, 배농촉진, 부종제거 정맥류완화	멘톨, 붉은 포도, 하마멜리스, 캄파, 징코 빌로바 추출물
리포 액티브 플루이드	지방물질 배농	싸이클로리파제, 알지씨움, 포스코리피드 그린티, 알란토인
아이스 플루이드	혈액 순환 활성화, 다리 무거움 효과적 감소	멘톨, 캄파, 센틸라 아시아티카 징코 빌로바
	버스트 케어 제품	
버스트 마스크	배농작용, 가슴탄력작용. 가슴성형 하기 전 · 후 관리	그린클레이, 호스테일, 미모사, 머스크 로즈 에센셀 오일
버스트-포오스 세럼	가슴 앞부분 탄력 개선, 볼륨감 높여줌	키겔린, 레퍼민, 마린 엘라스틴, 멘톨
버스트 스트럭취어	가슴 탄력강화, 노화로 인한 피부조직 단단하게 함	키젤린, 엘라스틴, 레퍼민, 비타민 E 호호바오일
	아로마 마사지 오일	
피토 아로마 릴렉스 오일	심신의 안정, 긴장완화, 진정작용	베르가몬트, 악마의 발톱, 매도우스윗트
피토 아로마 에너지 오일	근육에 산소량 증가	일랑일랑, 로즈우드, 진생
피토 아로마 셀룰라이트 오일	셀룰라이트가 단단한 부위 사용 셀룰라이트 분해 작용, 림프배농작용	그레이프룻, 제라이움, 푸커스 추출물 샌달우드
피토아로마 배농 오일	혈관수축, 노폐물 · 부종 제거	캄파 민트, 티트리, 멘톨
	올리고 더미 관리-근육, 스트레스 이완 팩	
올리고더미 에너지 팩	요산 배설, 부종 완화	일라이트 클레이, 매도우 스윗트 악마의 발톱
올리고더미 배농 팩	혈관수축, 순환 · 배농 촉진	일라이트 클레이 위치하젤, 페퍼민트
올리고더미 셀룰라이트 팩	슬리밍 작용, 수분 정체현상 방지	일라이트 클레이 사즈, 그레이프룻
	오스모 더미관리-수종, 부종 관리 팩	
오스모더미 익스폴리앙트	각질제거와 효과적인 미네랄 침투	게랑드쏠트, 티트리 파우더, 갈조류추출물
오스모더미 에너지 팩	근육 피로해소, 탄력 강화	게랑드쏠트 시나몬 파우더, 진저파우더
오스모더미 배농 팩	몸의 부종완화	게랑드쏠트, 엘더 파우더, 마른 꽃잎
오스모더미 셀룰라이트 팩	부종완화, 셀룰라이트 제거	게랑드쏠트 파인애플 파우더, 파파야 파우더

- (주) 예담 코스메틱 -

제 품 명	효능 · 효과	주 요 성 분
	아쿠아 테라피-지방분해	
플랑크톤 크림	지방분해, 피부 보습력	푸쿠스, 오메가 3, 비타민E, 보습성분
마린플라즈마	지방분해, 슬리밍효과	스코파리안, 피코R-75 미량원소 농축물
코랄 스크럽	피부혈액순환, 튼살 감소	코랄스크럽, 진주구성분, 엘라스토닐
푸커스 샾	지방분해, 독소배출, 신진대사활성화	푸커스, 라미나리아 디지타, 포도씨오일
씨폼	배농, 슬리밍작용의 마무리 크림	블리딘지아 마니아, 체리, 녹차 추출물
	슈프림 DHEA-ge 바디	
리포에이지 플루이드	근육 · 셀룰라이트 분해 호르몬부족으로 인한 비만관리 효과적	디오스게닌, 슬림액티브, 멜라클리어, 비타민E, 프로테실, 레몬 추출물
스트레치 세럼	복부 · 둔부 튼살 예방·감소	디오스게닌, 실라놀C, 센틸라아시아티카
캐필러리 세럼	혈관강화, 울혈현상·멍 완화	디오스게닌, 러스커스, 윗치하젤 피토토닌
드레이닝 세럼	다리 피곤함 · 부종감소	디오스게닌, 싸이프러스, 멘톨, 캄파추출물
버스트 케어 크림	가슴의 리프팅 강화, 형태유지	디오스게닌, 키젤린, 멜라클리어

- 더말프로 : 용카 -

제 품 명	효능 · 효과	주 요 성 분
	바디오일	
훌 콥스1	독소제거, 순환촉진, 튼살 방지 썬탠 오일효과	소이빈오일, 라벤더, 세이지, 로즈마리 페디 그레인, 헬리크리섬, 비타민E
	바디크림	
크림55	바디 실루엣 형성, 수분 정체 방지 생리통증과 부종완화, 튼살 방지	클라이밍 아이비, 용카의 5가지 에센셜오일
크림155	지방 정체 현상 방지, 발한작용 근육통증 · 통증 동반 셀룰라이트 완화	클라이밍 아이비, 카와카와, 너트머그 5가지 에센셜오일
피토152	활력부여, 탄력촉진, 튼살 · 다리부종	로즈마리 12%, 알로에 베라, 헤즐넛 오일 비치 버드, 비타민E
	바디 마스크	
씨위드 (해초) 마스크	독소제거, 바디윤곽 형성, 미네랄 발란스	라미나리아, 올리고 성분, 비타민A 리토탈미움
알지마린	통증 셀룰라이트 완화, 근육통증	카와카와, 마린 클레이, 유칼립투스, 레몬 라벤세라

– 청보 아유르베딕 코리아 –

제 품 명	효능 · 효과	주 요 체 질
카르푸라디 따이람 (Karpooradi Tthailam)	온열효과, 순환장애 개선	kapha
카르파사스타디 따이람 (Karpassthyadi Tthailam)	심신이완	kapha
발란스와 간다디 (Balaswagandhadi)	스트레스 완화, 심신이완	pitta, vata
만지스타디 따이람 (Manjishtadi Tthailam)	정화작용, 노폐물배설, 혈액순환	pitta
디네사 엘라디 따이람 (Dinesa Eladi Tthailam)	독소배출, 비만효과	kapha, vata
단완따람 따이람 (Dhanwantharam Tthaila)	스트레스완화, 군육이완	vata, pitta
니리따람 따이람 (Narayana Tthailam)	독소배출, 노폐물배출, 혈액순환	pitta
마하나라야나 따이람 (Mahanarayana Tthailam)	근육이완	pitta
날파마라디 따이람 (Nalpamaradi Tthailam)	독소배출, 노폐물배출	pitta
프라반자남 따이람 (Prabbanjanam Tthailam)	근육이완	vata
무에베나 (Murivenna)	비만, 셀룰라이트 분해 및 생성예방	kapha
바타사니 따이람 (Vathasain Tthailam)	부종완화, 림프순환촉진	vata
사하차라디 따이람 (Sahachardi Tthailam)	근육이완	vata, pitta
트리팔라 추르남 (Thriphala Choornam)	비만, 지방분해	kapha

참고문헌

강수경 외, 림프드레니쥐, 수문사, 2001.

강수경 외, 피부관리학, 청구문화사, 2002.

강수경 외, 살롱 트리트먼트, 청구문화사, 2003.

강수경 외, Basic Body Treatment, 청구문화사 2003.

곽희영, 체형관리 프로그램이 복부비만 감소에 미치는 효과, 광주여자대학교 석사학위논문, 2004.

권미향 외 편집, 비만 관리를 위한 건강길잡이, 도서출판 한미의학, 2003.

권미향 외 편집, 비만 관리를 위한 운동길잡이, 도서출판 한미의학, 2003.

권봉안, 비만 : 원인 · 평가 · 치료와 예방, 대한미디어, 2006.

김광옥 외, 림프드레니쥐 & 아로마, 도서출판 성화, 2004.

김명숙, 김문주, 김지영, 이명해, 미용영양학, 훈민사, 2001.

김명숙, 피부관리학, 현문사, 2003.

김명일, 정형 외과적 치료 마사지기전에 관한연구, 한국스포츠마사지 리서치, 제15권 2004.

김문주 외, 바디트리트먼트, 청구문화사, 2003.

김문주 외, 전신관리학, 청구문화사, 2000.

김문주 외, 전신관리학, 청구문화사, 2003.

김상만, 세계 각국의 비만치료 지침, 대한비만학회지, 1999.

김영미, Medical Skin Care/ Spa 1, 임송출판사, 2005.

김영설, 비만학 완전정복, 군자출판사, 2005.

김춘자 외, 미용 기기 관리학, 훈민사, 2001.

김현, 비만과 운동처방, 학이당, 2003.

김현주, 이나영, 고선주, 고혜정, 이현화, 최경임, 에스테틱 살롱트리트먼트, 정담, 2000.

대한비만학회, 임상비만학, 고려의학, 2001.

박용우, 복부비만의 평가 방법, 성균관의대 강북삼성병원 가정의학과.

박용우, 체형관리 클리닉, 성균관의대 강북삼성병원 비만체형관리클리닉, 대한임상건강증진의학회 춘계 학술대회, 2003.

비만치료지침, 대한비만학회편, 2003

송상욱, 북부 비만과 관련된 요인, 카톨릭대학교 의과대학 가정의학 교실.

양방섭외 편집, 비만 관리를 위한 영양길잡이, 도서출판한미의학, 2003.

원윤경 외, 피부 미용 기기학, 훈민사, 2006.

이정훈 · 권영달, 節食療法을 施行한 肥滿患者의 赤外線體熱變化에 대한 臨床的 硏究, 원광대학교 한의과대학 한방재활의학과교실, 2000.

이하백, 천식치료에서의 대체요법, 소아알레르기 및 호흡기 제 12권, 2002.

임영태, 5주 동안 비만청년의 비만도, 복부비만, 체지방에 미치는 영향, 한남대학교 대학원, 2005.

임영희, 왕수경, 윤은영, 구난숙, 식생활과 다이어트, 형설출판사, 2003

장선일, 김선옥, 김연주, 김정자, 김해남, 이애순, 임신숙, 최경임, 뷰티테라피, 군자출판사, 2006.

조명희, 피부 및 비만 관리실 이용자의 비만관리에 대한 의식행태와 관련 요인, 대구대학교 디자인 대학원, 2005.

조소은, 대체의학과 피부미용과의 연관성 및 활용성에 관한연구 가능성.

조태동, 송진희, 허브 & 아로마라이프, (주) 대원사, 2002.

최선자, 대체요법 활용실태에 관한연구, 한국피부미용향장학회지, 제 1권, 2006.
하선정, 다이어트 사계절응용식단, 월간요리사, 1995.
한영숙 외, 피부 미용 기기 관리학, 정담미디어, 2003.
홍인정, 마사지 클리닉, Beauty BogDoo, 2003.
Ann Gallant, Body Treatments and Dietetics for the Beauty Therapist, Stanley Thornes (Publishers) Ltd, 1978.
Barness, L.A., Dallman, P.R., Anderson, H., Wallker, W.A., Nutritional aspect of obesity in infancy and childhood, Pediatrics, 68 : 880, 1981.
Whitney, E.N. Hamilton, E.M.N. Understanding nutrition, pp 239~288, West Plbl Comp, 1987.
WHO, Obesity : Preventing and managing the global epidemic report of a WHO consultation on Obesity, pp 7~16, 1997.
http://www.gilwoo.co.kr
http://www.jawon.co.kr
http://www.biospace.co.kr
http://www.healthpartner.co.kr
http://www.skindrs.co.kr
http://www.beautytech.co.krp
http://www.cosmomd.co.kr
http://www.ginwon.co.kr
http://yesb.net
http://www.naver.com
http://www.daum.net
http://www.naver.com
http://www.kr.yahoo.com

「자료제공」

길우트레이닝: http://www.gilwoo.co.kr
(주) 자원메디칼: http://www.jawon.co.kr
(주) 중앙전기 원적외선 사우나: http://www.healthpartner.co.kr
(주) SDM BIO 스킨닥터스: http://www.skindrs.co.kr
바이오스페이스: http://www.biospace.co.kr
뷰테크: http://www.beautytech.co.kr
COSMO 코스모: http://www.cosmomd.co.kr
예스 뷰티: http://yesb.net
진원 메디칼: http://www.ginwon.co.kr
더말로지카: http://www.dermalogicakorea.co.kr
(주) 밀라코리아: http://www.milakorea.co.kr
예담 코스메틱: http://www.eyedam.com
더말프로: 용카; www.yonka.co.kr
아떼그레 스파: http://www.integreespa.com

찾아보기

INDEX

[W]

체형관리학

2007년 9월 20일 초판발행
2013년 3월 10일 초판2쇄발행
2018년 8월 30일 초판3쇄발행

지은이 / 강수경 · 김경란 · 김숙경 · 박경순
박정신 · 정주미 · 최미옥 · 최수미

펴낸이 / 이상태
펴낸곳 / 청구문화사
주 소 / (03706) 서울특별시 서대문구 성산로11길 15
전 화 / 02) 332-0541(代) 팩 스 / 02) 337-9577
등 록 / 1990년 11월 2일 제0-247호

가격 20,000원

ISBN 978-89-5616-216-4 93590